SHIBA-INU

柴犬の飼い方・しつけ方

西東社 出版部 編

はじめに

　いまでは犬はペットというより、コンパニオン（仲間）アニマルとして大切な役割を果たしています。かつて番犬として飼う人が多かった柴犬も、最近ではコンパニオンアニマルとして飼う人が増えています。

　柴犬は日本犬ですから、日本の気候風土に合い、体もとても丈夫です。そして小型できれい好き、むだ吠えも少なく、家族の一員として、生活をともにする仲間に適しています。三角の立ち耳、巻き尾、引き締まった体など、凛々しさを感じさせる風貌は、根強い人気があります。柴犬はクールで人に甘えることが少ない犬種ですが、家族にだけは忠実で従

順なところが魅力のひとつのようです。また、犬は飼い主のしつけや訓練によって人間社会の中で暮らすことができ、誰からも好かれるようになります。柴犬はがんこな面も持つ犬種ですから、根気よくしつけなければなりません。飼い主はこのような柴犬の性質をよく理解してください。そして信頼関係が築ければ決して裏切ることはなく、飼い主を見守り、愛し続けることでしょう。

本書がこれから柴犬を飼おうとしている方、また、すでに飼っている方にもお役に立てば幸いです。

柴犬が最高のパートナーとなるように、飼ってよかったと心から思えるように願って。

もくじ

CONTENTS

第3章
柴犬の飼い方、育て方
49～70

第4章
しつけのハウツー
71～98

第7章 妊娠・出産、避妊 125〜136

＊本書は数社のメーカーから協力をいただいております。写真に記号が付いている商品のお問い合わせは、P146の犬用商品協力メーカーリストを参照ください。

第8章 お役立ち情報 137〜150

PROLOGUE

プロローグ

ようこそ柴犬の世界へ

柴犬の魅力

小型ながらがっしりした骨格に、ピンと立った三角の耳、クルリンと巻いた尾。私たちが子どものころから見かけていた柴犬は、日本の犬の代名詞ともいえます。

柴犬の人気は、ミニチュア・ダックスフンドやシー・ズーなどの洋犬に負けず劣らず。最近では、外国でも「シバイヌ」人気が高まっています。かつては優秀な番犬として、庭先につないで飼う人が多かったのですが、最近はコンパニオンアニマルとして室内で飼う人も増えてきました。小型できれい好き、むだ吠えも少ないことから、室内飼いにも向いているというわけです。ただし、「柴犬は屋外で飼うべき」という人も多くいて、賛否が分かれるところ。一般的には、室内飼

立ち耳、巻き尾が特徴の柴犬

いの場合は優しい感じの犬になり、屋外飼いの場合は凛々しくたくましい本来の柴犬らしさが発揮されるようです。

　さて、柴犬の最大の魅力といえばそのキャラクターでしょう。日本犬保存会によると、日本犬の特徴は「悍威（かんい）、良性、素朴」だとされています。悍威は「気迫と威厳があるさま」、良性は「忠実で従順であること」、素朴は「飾り気のない地味な気品と風格を備えているさま」ということ。日本犬のなかでももっとも小型である柴犬は、その小さな体のなかに日本犬の特徴が凝縮されているというわけです。

　クールで、感情表現が淡白、人にベタベタ甘えることのない柴犬。しかし、しっかり家族を見守り、何があっても深く家族を愛し続けます。自立心に富み、がんこなことから、しつけがむずかしいともいわれますが、一度覚えたことは忘れず、非常にがまん強いといったよさがあります。八方美人ではなく、家族にだけ忠実という点も、柴犬ファンにとってはたまらない魅力でしょう。この性格は、ときには裏目に出ることがあるかもしれません。動物病院での診察をいやがったり、知らない人に警戒したり、すきをみて脱走を企てるかもしれません。けれども、柴犬の性質を理解して、そのよさを発揮できるように接していけば、すばらしい犬になるのです。まずは子犬のころから頻繁に話しかけ、よくコミュニケーションをとることが大切です。

　また、もともと日本の犬ですから、日本の気候にマッチして体が丈夫な点も柴犬のよさ。硬いストレートの被毛は手入れもらくです。特定の目的のために改良され、日本に連れて来られた洋犬と違い、日本の気候風土のなかで、ほぼ古来からの姿のまま過ごしてきた柴犬は、あまり気をつかわず、ごく自然につき合える犬なのです。むだのない引き締まったコンパクトなボディできびきびと動く姿は、ときに野性も感じさせてくれます。都会でも飼える犬ですが、ときには野山に連れて行き、思う存分走り回らせてあげれば、柴犬のよさを思いきり実感できるに違いありません。

柴犬の歴史とカラー

柴犬のルーツ

日本犬のルーツは古く縄文・弥生時代にさかのぼる。このころの遺跡から発掘された犬の骨、土偶や埴輪の犬は、すでに今の柴犬のサイズや立ち耳、巻き尾の面影を残している。昔から柴犬は小動物を追う狩猟犬として、また番犬として、日本人とともに暮らしていたようである

うさぎや鳥などの小動物の猟で活躍してきた

柴犬は天然記念物

江戸時代、日本では犬は放し飼いにされていた。明治維新以降、洋犬がどんどん入ってくるようになると雑種化し、大正時代には立ち耳、巻き尾の犬が激減してしまった。そこで日本古来の犬種を残そうと日本犬保存会が発足したのが昭和３年。柴犬は昭和１１年に天然記念物の指定を受けた

柴犬の語源

シバとは古語で「小さい」という意味。そこから柴犬という名前になったという説がある。一方、昔話の「おじいさんは山へ柴刈りに」の柴という説も。狩猟犬として、柴（小さな低木の総称）の間を巧みにくぐりぬけて獲物を追っていたからと考えられる。そして、もうひとつ、柴犬の代表的な赤茶色が枯れた芝生の「芝」の色に似ているからという説もあり、はっきりしたことはわかっていない

柴犬の基本は3色

柴犬の基本色は３種類。「赤」がもっとも多く約８割を占めている。そのほかに「黒」「胡麻」がいるが、いずれの場合も、頬から顎の下、首にかけて、胸の下、腹、四股の内側、尾の裏側が白に近い淡い色になっていて、これを「裏白」と呼ぶ

赤

黒

胡麻

日本犬のサイズ

柴犬は日本犬のなかでは唯一の小型犬。頭数では日本犬の約８割を占めているといわれている

■日本犬のスタンダード（オスの場合）

犬　種	体　高	体　重
柴	38～42cm	8～10kg
甲　斐	39～52cm	12～18kg
北海道	48～52cm	20kg前後
四　国	49～55cm	15kg前後
紀　州	49～55cm	15～20kg
秋　田	64～70cm	45kg前後

柴ギャラリー 1

第1章

わかって
あげたい
犬の気持ち

柴犬のいる暮らし

柴犬の特性を知って一緒に暮らそう

最近は犬を単なるペットとしてではなく、コンパニオン（仲間）として飼う人が増えてきました。犬は人間とのつきあいも心のきずなも深い動物で、生活のパートナーには申し分ない存在です。

柴犬には素朴な魅力があり、純血種のなかでも原種に近い種類です。しかし、飼い主に忠実で賢く、がまん強いという元来の性質は、パートナーとしても優秀。屋外で飼う人が多いようですが、小型でむだ吠えも少なく、清潔好きなので、最近では室内飼いの人も増えています。やや神経質な面もありますが、クールで自立心旺盛という特性を理解し、大らかに接してあげるといいでしょう。あまりベタベタしたつきあいや、過保護なのは、柴犬には向かないようです。

犬がいると、つきあいの幅もグンと広がります。犬好きな近所の人、散歩仲間、ブリーダー、獣医師など、多くの人たちとコミュニケーションの輪が広がります。そして、犬との強い信頼関係が築ければ、充実した毎日を過ごせることでしょう。

抜け毛、散歩、においは大丈夫？

柴犬は冬毛から夏毛に、夏毛から冬毛に変わる換毛期がはっきりしているので抜け毛は気になります。また、動物特有のにおいもあります。清潔で美しい被毛を保ち、健康的に過ごさせるためには、ブラッシングやシャンプーは欠かせません。また、むやみに吠えることは少ないものの、神経質になったり、警戒したりすると、人や犬などに対して吠えるようになります。賢い犬だけに、しつけには一貫した態度が必要です。

もちろん、散歩、食事、排泄など毎日の世話は欠かせません。食費、病気予防のための医療費、万一のときの医療費なども、決して安くはありません。

飼いはじめたものの毎日の世話がめんどう、しつけをしないで手に負えなくなったなどの理由で捨てることがぜったいにないように、最後まで愛情と責任を持ってめんどうをみる覚悟が必要です。

柴犬にとっての幸せ

柴犬にとって理想の環境は、❶自分だけが休める場所（ハウス）と、十分な運動をする場所があること、❷よい飼い主に恵まれ、愛してくれる家族に囲まれていることです。

❶は、犬だけがゆっくりくつろげる場所を必ずつくりましょう。また、柴犬はもともと狩猟犬であるため、活発で運動が好きです。集合住宅でも飼えますが、ストレス予防や社会性を身につけさせるための散歩は必要。十分な運動ができる場所も近所にほしいものです。

❷は、犬にとってたいへん重要なことです。たとえば盲導犬に多い犬種として知られるラブラドール・レトリーバーは、一生のうちに何度か飼い主が変わることをあまり苦にしません。一方、柴犬はワンオーナードッグといって一生一人の飼い主を慕う犬種。飼い主をリーダーとして認めれば、ずっとそばにいたいと思います。また、柴犬は自分に敵意をもつ人に敏感。家族全員が愛情をもって接し、庭につなぎっぱなし、ほったらかしなどということがないようにしましょう。

よい飼い主とは

犬に対してリーダーシップがとれる人がよい飼い主といえます。犬も含めた家族（群れ）のリーダーとしての自覚を持ち、ふさわしい態度をとりましょう。しつけや訓練には根気が必要です。かわいそうだからと甘やかしてばかりいると、犬をわがままにさせ、さまざまな問題行動をおこす原因になります。

次に、犬に対して時間をさくことを惜しまずマメに世話ができる人。散歩や運動、手入れなどの時間がとれない人は、犬を飼うことに向きません。また、犬は言葉を発することができないので、犬の様子をよく観察し、健康には十分注意してあげましょう。特に柴犬はがまん強く、多少の苦痛には耐えてしまいます。犬にとってもっとも大切なのは、犬種や個体の性格や特徴をよく理解してもらい、適切な愛情をかけてもらうことなのです。

しぐさからわかる犬の気持ち

しっぽ、目、耳、鳴き声がポイント！

犬は感情表現がとても豊かな動物。喜び、悲しみ、怒り、おびえ、警戒、くつろぎなど、複雑な感情まで表現できます。

特にしっぽの動きや、目、口元、耳、鳴き声などに感情があらわれます。ただし、柴犬はクールで感情表現がひかえめなので、飼い主はよく観察し、気持ちを読みとってあげましょう。たとえば犬が吠えて困ったとき、おびえているのか、強気なのかが理解できると、しつけもしやすくなります。何をしているときがうれしいのかがわかれば、きずなはグッと深まります。犬のボディーランゲージを理解すると、コミュニケーションがより楽しくなるでしょう。

犬のボディーランゲージを理解しよう

興味津々

初めて見るものや気になるものには、近づいてにおいをかぎ、安全だと感じると、なめたり、かんだり、ふれたりして確認します。くわえて振り回すこともあるでしょう。なかでも虫や動物といった動くものには、興味を持つようです。

特に子犬のころは好奇心旺盛です。飼い主は、危険なものなどを口に入れないように注意しましょう。

また、何か変わったものに会ったり、変わった音を聞くと、人間と同様に首をかしげることもあります。

クンクン、何だろう？

はじめて目にするおもちゃに興味津々。まず、においをかいで確認。そして、ガブッとかんで確かめる

うれしい・楽しい

おもちゃちょーだい、それっ！

おもちゃやボールを投げてもらうのが好きな柴犬もいる。でも、やりたくないときは見向きもしないというがんこな一面もある

ゴキゲン

外へ出かけたときは顔がイキイキ。うれしいときは耳を後ろに倒して、舌を出す。歯を見せて笑うこともある

好き好き！

大好きな飼い主と一緒なら、表情が穏やか。顔や手をなめるのは、親愛の情をあらわす

うれしいときは、しっぽを振ったり、体をくねらせたり、ぴょんぴょん跳びはねたり、ワンワンと明るくはっきり吠えるなど、じっとしていられません。耳の根元をピクッと持ち上げるように動かすことも。飼い主やほかの犬を遊びに誘うときは、前足を前方に突っ張り、おしりを上げて体をはずませたり、おしりを小刻みにふったり、後ろ足で立ち上がることもあります。

心が和んでいるときは、表情も和やか。満足そうにのどをならすこともあります。そばに近寄ろうとしたとき、伸びやあくびをするのは「敵意はないよ」という意味の動作です。

怒る

見知らぬ人やほかの動物に対し、犬は怒る（威嚇する）ことがあります。それは、自分の身の危険を感じたり、テリトリーが侵されそうだと思うからです。

この場合、攻撃にそなえて身を低くして「ウーッ、ウーッ」とうなり、歯をむき出し、鼻先にしわを寄せて被毛を逆立てます。同時に激しく吠えたてることもあります。これは、争わずに威嚇で決着をつけたいから近寄るなというサイン。散歩中にこんな表情をした犬に出会ったら、近寄らずサッと通りすぎましょう。

ウーッ、ワンワンそれ以上近寄るな

歯をむき出し、鼻先にしわを寄せて「ウーッ」と低くうなる。全身を緊張させて、すぐ攻撃できる態勢。自分の飼い犬がこのような行動をとったときは危険なので、飼い主はリードをしっかりコントロールすること

悲しい・つらい

ひとりぼっちの留守番が長く続いたときや、苦しいとき、体のどこかが痛い、つらいなどの感情を訴えるときは、「クーン、クーン」「ヒーン、ヒーン」と、もの悲しく切ない声で鳴きます。

目つきは上目づかいで、救いを求めるように飼い主にすり寄ってくることも。体勢は低くふせた状態でいることが多いほか、しょんぼり肩を落とし、じっと動かないのも心細さのあらわれです。

飼い主は犬の体や周囲の状況をチェックし、何を訴えているのかよく観察しましょう。ぐったりして元気がない場合は病気の疑いがあります。

つまらないなー

飼い主が何かほかのことに集中していて、相手をしてくれないときは退屈。床にペタンと顔と体をつけ、上目づかいで見つめる

離れないでね

ちょっと不安なときは、飼い主にぴったりくっついて甘えたり、かくれたりする

恐怖・驚き

人や犬などに恐怖やおびえを感じると、背中をわずかに弓なりにして体をすくめ、腰が引けたようになり、耳をねかせます。全身をブルブルと震わせていたら、強度のおびえです。また、突然の物音などに驚くと、飛び上がったり、しりもちをついたりすることもあります。

こわいよー

体をすくめ、ブルブル震える。花火や雷の音に、このような反応を見せる場合がある

警戒

知らない場所に行ったときや、怪しい物音をキャッチしたときなどは、それまでの動作を中断して聞き耳を立てます。怪しいと思ったら、最初は「ワン、ワン」と響くように鳴き、相手の接近に伴い、「ワワン、ワワン」と連続した調子になります。

なんだ！
聞き慣れない
音だぞ
聴覚のすぐれた犬は、小さな物音もキャッチ。真剣な表情で耳をそばだてて身構える

服従

降参、
逆らいません
飼い主などに見せる「もう、それ以上責めないで」などの服従のポーズ。甘えてなでてほしいという意味も

飼い主や強い犬に降参したときは、ゴロリとあおむけになり、おなかを見せます。自分の一番弱い部分を出し、「逆らいません」「服従します」という意思表示をしているのです。子犬に多く見られ、普通は成長とともに減っていきます。

このほか、耳を伏せてはらばいになり、哀願するような目で見上げたり、体を小さくしてうずくまったり、相手の鼻をなめたりするのも同様の意味があります。

鳴き声でわかる犬の気持ち

◆「ワン、ワン」
➡興奮（うれしい・警戒）・要求
犬は興奮しているとき、ワンワンとはっきり吠える。うれしさのあまりに吠えたり、侵入者に警戒して吠えるときがこの鳴き声。一方、食事などを要求するときに吠えることも。要求が通るとますます吠えるので、きちんとしつけること

◆「クーン、クーン」「キューン、キューン」
➡さびしい・不安
甘える感じの鼻を鳴らすような鳴き声。母親から離された子犬がさびしさや不安からこんな声を出すことも

◆「キャン、キャン」
➡痛い・怖い
足を踏まれて痛い、人や犬にいじめられて怖い。そんなときにキャンキャンとかん高い声で鳴く。けがをしていないか、体をチェックしてあげよう

◆「ウォーン、ウォーン」
➡仲間を呼ぶ
群れから離れた犬が仲間を呼んだり、それに応えたりするときの遠吠え。救急車や音楽などに反応する犬もいる。ストレスを抱えている犬もよく遠吠えをする

◆「ウーッ、ウーッ」
➡怒り
何かを威嚇しているときの声で、低い声なので気づきにくいことも。支配欲、警戒心、恐怖心などさまざまな原因から威嚇する

習性と本能を理解しよう

犬を理解し、仲良く暮らすためには、犬の習性や本能を理解することが大切

犬を知るために

犬の不思議な行動の多くは犬本来の習性や本能によるもの。これを理解すると、一緒に生活したり、しつけをしたり、遊んだりするのに役立ちます。

穴を掘る、かじるなど人間にとって不都合な習性や本能もありますが、それらの行為をやみくもに制止すると、ストレスの原因になることも。生まれ持った特質を理解しながら、やってもいいことと悪いことを教えていくようにしましょう。

群れと序列

犬の祖先といわれているオオカミは、常に群れをつくって行動し、リーダーの指示で獲物を追い、外敵から身を守ってきました。群れをつくる動物は、その社会の序列と秩序を守るため、リーダーには絶対服従という暗黙の了解のもとで生きています。

犬にもこうした習性があり、特に柴犬は序列と秩序を守るタイプです。自分と生活している家族をひとつの群れとみなし、力の強い順に、リーダー、サブと、自分のなかで順位を判断していきます。

自分がリーダーだと思いこんだ犬は、飼い主や家族の指示に従わず、問題行動をおこすことが多い

ときには権力争いをおこすこともあります。また、リーダーになりたがる強い犬もいれば、もともと従属的なタイプの犬もいます。

いずれにしても、飼い主が強くて優しいリーダーになれば、犬は安心して生活できます。もし、犬が誰かの言うことに従わないとしたら、その人を自分より順位が下だと判断しているということ。許しておくと、最悪の場合、手に負えなくなってしまうので注意しましょう。

動くものを追いかける

目の前を動く猫や虫などを追うのは、狩猟本能によるもの。ときには虫などを食べてしまうこともあります。あまり執拗に追いかけるときは、ストレスからきているとも考えられます。追いかける対象は生き物だけでなく、犬によってボール、自転車、バイク、光や影、風に舞う葉っぱなどさまざま。小さい子どもを追いかけると危険なので、見かけたらリードをしっかり持ちましょう。

かじる、振り回す 引っぱる

犬はあらゆるものをよくかじります。そして、ブンブン振り回したり、引っぱりっこをしたり…。特に子犬のころはたいへんです。

引っぱりっこをして遊ぶときは、必ず飼い主が勝って終わること

これらは狩猟本能からきていて、振り回すのは獲物にとどめをさす行為、引っぱるのは仲間と獲物の取り合いをする行為の名残りと考えられています。飼い主は電気コードや薬品など、犬がかじると危険なものに十分注意しましょう。

マーキング

散歩中に犬が電柱などにオシッコをかけるのは、マーキングという縄張り行動。自分のテリトリーを主張するとともに、においの種類で、どんな犬がいつそこを通ったか、オスかメスか、自分より強い犬か弱い犬かまでわかるようです。

オスが片足を上げてマーキングするのは、できるだけ高い位置ににおいをつけることで、ほかの犬に優位性をアピールするため。メスの場合はテリトリーの主張ではなく、発情を知らせる意味で行うことがあります。

帰巣本能

犬は方向感覚の鋭い動物。遠く離れた土地で迷子になった犬が、わが家に帰ったという逸話は数々残されていて、帰巣本能によるといわれています。そのメカニズムはまだ謎の部分が多く、犬には本来、仲間のもとに帰るための〝超能力〟があるのではないかとの推測もあります。ただし、家から一度も出たことのない犬は、帰れないともいわれています。

犬同士のあいさつ

お互いのおしりをかぎ合う、犬同士のあいさつ

犬と犬が出会ったとき、お互いにおしりのにおいをかぎ合っているのは、犬の社会におけるあいさつ。犬は肛門から固有のにおいを発していて、においをかぐことで、お互いの相性や力量など、いろいろな情報を収集しているのです。強い犬は自分の肛門を堂々とかがせ、弱い犬は座り込んだり、尾で肛門を隠したりします。人に会ったときにもにおいをかぎたがる犬がいます。そっと手の甲を差し出してあげるとよいでしょう。

また、鼻のにおいをかぎ合うのも、あいさつの一種。特に相手をいたわるときに見せるしぐさで、飼い主に鼻を近づけてくることもあります。

吠える

番犬として働いていた柴犬は縄張り意識が強く、侵入者に向かって吠えることがあります。自分や群れ（家族）を守るために、吠えて危険を知らせるのは犬の本能。知らない場所では吠えないけれど、庭や毎日通る散歩コースなど自分がテリトリーだと思っているところでは吠える犬は少なくありません。また、神経質で憶病に育ってしまうと、よく吠える傾向があります。

そのほか、犬の鳴き声（P19参照）は、喜びや悲しみ、怒りの表現や、仲間と居場所を教え合うための合図の役目も果たしています。夜中の遠吠えは犬同士の大事なコミュニケーション。暗い空に向かって「ウォーン」と吠える姿は、どこか祖先のオオカミを思いおこさせます。

穴を掘る

犬の穴掘りも、オオカミ時代の習性の名残りのひとつと考えられています。すみかにしたり、穴に逃げ込んだ小動物を穴を大きくして捕まえたり、獲物の食べ残しを隠したり、冷たい土にふれて暑さをしのいだりなど、さまざまな理由で犬は穴を掘ります。

ただし、庭が穴だらけになるようなときは、ストレスがたまっているのかもしれません。一緒に遊んだり、散歩に連れ出すなど、もっとコミュニケーションを増やしてあげましょう。

柴犬ならではの習性

柴犬は野性味が残っているところが魅力。原種に近いことから、これまでに挙げた犬の習性が比較的強く残っている犬種です。あきらめない精神力やがまん強さ、タフな体力や足の速さ、機敏な動きなどは、祖先の血を受け継いだもの。また、飼い主に忠実で、家族愛に満ちていることも特徴のひとつ。群れを守ろうとする本能が強いため、小型のわりに勇敢で、番犬にも向いています。さらに、本来狩猟犬であるために、野山をかけまわり、小動物などを追うのは大好きです。

こんな柴犬の魅力も、ときと場合によっては短所にもなります。警戒心が強すぎてやたらに吠えたり、家族以外の人になつかなかったり、ほかの犬と仲良くできなかったり、がんこだったりするかもしれません。しかし、これも柴犬の性質と理解したうえで、よいところを伸ばし、困った点は根気よく教えて改善していけばいいのです。

追う本能を生かしボール遊びなどをさせるのもよいでしょう。生活の中でものを持ってきてもらったり、家族を起こしてもらったりなど、役割を与えることもおすすめ。もちろん、一緒に山歩きなどアウトドアを楽しめれば最高です。こんなことから、犬と人間のコミュニケーションはますます深まり、本当の意味でのコンパニオンになれるわけです。

活発なので、屋外でたっぷり運動させてあげよう

犬の五感

◆ほとんどの行動を嗅覚に頼る

犬がにおいをかぎわける能力は、人間の約100万倍ともいわれている。犬は鼻からさまざまな情報を収集するが、なかでも動物性のにおいと危険を感じるにおいには敏感に反応する

◆立ち耳犬は特に聴覚に優れる

犬が音を聞き分ける能力は人間の約6倍、音が聞こえる方向を判別する能力は約2倍。32方向からの音を聞き分ける。外敵から身を守るため、犬の聴力は睡眠中も働き、眠っている最中でも小さな物音ひとつで目覚める

◆視覚はカラー？　モノクロ？

犬の視力はあまり発達していない。特に、形の判断能力は低いが、動くものを捉える能力は優秀。視野も人間より広い（人間は約200度、犬は約250度）。これまで犬は色を識別できないといわれていたが、最近ではカラーで見えているという説が有力

◆味覚よりにおいで好物を判断

犬の味覚はあまり発達していない。好みはあるが、味覚よりにおいでおいしさを感じているといわれている

◆末端にいくほど敏感な触覚

鼻先、しっぽ、耳、足先など、触覚は末端にいくほど敏感。強く触ったり、急に触ったりすると驚くので注意を。また、痛みに鈍感でけがをしても遊んでいることがある

犬とふれあう・話す

胸部、背中をなでられるのは好き

家族以外の人になつきにくいといわれる柴犬。コンパニオンドッグとして育てるには、上手に接し、人に対して警戒しすぎない犬にしたいものです。よく話しかけて、一緒に遊ぶことで、犬は賢くなり、信頼関係も深まります。

子犬のころからなでたり、抱きしめたり、頬ずりしたりしてコミュニケーションをとろう

なかでも、犬はほめられることが好き。ほめるときは、犬と目を合わせ、「いい子ね」などと言いながら顔を近づけ、口もとを耳に向かってさすります。なでる場所は頭より、首から胸にかけてか、後頭部から背中にかけてが効果的。これによって、犬は血圧が下がったり、心拍数が減少したりして気持ちが落ちつきます。

なお、犬とじゃれたり犬の言いなりになったりすると、犬が人間を見下すもとになるので気をつけましょう。また、べったりと四六時中一緒にいることは、犬の依存心を高めてしまいます。メリハリのある接し方がいい関係を築くコツです。

鼻や足先などを触られるのは不快

犬には触られると不快な部分もあります。鼻や尾の先、足先、脇腹などの神経は敏感で、ふいに触ると警戒、威嚇、また、攻撃されることもあります。

ただし、予防接種や病気の治療、つめ切り、耳掃除などのボディーケアのために、子犬のころから体のどこを人に触られても大丈夫にしておく必要があります。この訓練にはホールドスチールとタッチング（P78参照）が有効です。

犬だって人間の言葉がわかる

犬は人間の言葉をよく理解できる動物。自分の名前や家族の呼び名、よく聞く「ごはん」「散歩」「留守番」「ダメ」といった言葉をどんどん覚えていきます。さらに、「これが終わったらごはんをあげるから、少し待っててね」というような複雑な文章も、相手の様子で理解できるようになります。また、家族の会話や電話にも聞き耳をたて、来客がある、外出するなどの行動まで読み取ります。

「いい子ね」などとほめられるときは、飼い主の態度や声の調子が心地よいから、「ほめられること＝うれしい」と理解するようになります。犬は人の態度から気持ちを読み取るのが上手なので、悪口を言うのは禁物。話の端々に出てくる自分の名前やけなす言葉、口調や態度に鋭く反応して、ひどく傷つくことでしょう。

毎日声をかけられたり、体にふれてもらって育った犬と、放ったらかしにされた犬では、言葉の理解力は明らかに違います。

こんなことはやめて！

◆犬は乱暴な子どもがきらい！子どもに接し方を教えよう

しっぽや耳を引っぱったり、たたいたり、頭にものをかぶせたりなどのいたずらはやめさせる。また、力いっぱい抱きしめられたり、おおいかぶさられたり、正面からいきなり頭をなでられることもきらう。犬にがまんさせるだけでなく、子どもにきちんと犬との接し方を教えること

◆体罰はしつけにならない

特に、棒などのものを使って、犬の鼻のあたりをたたくことは厳禁。体罰は、飼い主と犬との信頼関係を著しく損なうおそれがあるので注意を

◆猫なで声や大きな声はイヤ！

犬に猫なで声やあまい声で話しかけていると、自分のほうがえらいのだと勘違いする。ヒステリックな声やかん高い声、子どものキャーキャー騒ぐ声も苦手で、興奮したりおびえたりする。犬には普通の落ち着いた声で話しかけ、叱るときは低く強い声で一喝するのが効果的

柴ギャラリー 2

第2章

柴犬を迎える

子犬を入手する前に

責任を持ってめんどうを見られる？

ペットショップでかわいい子犬を見つけ、思わず衝動買いしたくなる人も多いことでしょう。しかし、動物を飼うということは、簡単ではありません。どんなに忙しくても、体調が悪くても、食事や排泄の世話は休めません。外出や旅行が思うようにできなくなるというケースも出てくることでしょう。

生きものを飼うということは、彼らがその寿命をまっとうするまで、責任を持ってめんどうを見続けるということです。犬を入手する前に、自分が飼い主としての責任を果たすことができるかどうか、もう一度よく考えてみてください。

ライフスタイルに合う？

次に、犬を飼うということがあなたの家のライフスタイルに合っているか、または、犬を飼うことで多少のライフスタイルの変更ができるかどうかを考えてみましょう。

室内でも屋外でも飼え、日本の気候にぴったりで、体も丈夫という柴犬ですが、迎え入れる家の環境が悪ければ幸せになれません。家族全員犬が好きですか？ハウスを置くスペースはありますか？家を留守にしがちではないですか？めんどうがらずに世話やしつけをしたり、一緒に遊んであげることができますか？さまざまな条件が整っていないと、犬はストレスのために問題行動をおこすようになります。

もちろん、食費や医療費などの費用もかかります。実際に飼いはじめてから、

犬の世話

- 食事

- 排泄物の処理、トイレやハウスの掃除

- 散歩、運動

- グルーミング（ブラッシング、シャンプー、つめ切りなど）
- しつけ
- 病気やけがの看病

「やっぱり家の事情に合わなかった」ということがないようにしてください。

家族の同意と役割分担決定

犬を飼うときは、家族全員の同意が必要です。特に重要なのはもっとも長く家にいる人の意見。多くの家庭でお母さんが一番世話をしているようです。よく「子どもが世話をすると言ったから飼ったのに、世話をしなくなった」という話を聞きます。きちんと犬を世話しようと思ったら、子どもだけではぜったいに無理です。特に子犬のうちは大人がしっかりしつける必要があり、普段からの犬の健康管理や、通院、看病なども子どもにはむずかしいでしょう。

犬の世話は毎日必要なこと。飼うことになったら、家族の中で一人責任者を決めます。そして、散歩、食事、ハウスの掃除、ブラッシングなど、家族それぞれの役割分担を決めましょう。

近所には細心の注意を

犬を飼うときには、ご近所の生活にも十分配慮しましょう。犬のにおいや抜け毛、鳴き声は、ご近所の人にとってたいへんな迷惑。なかには犬嫌いの人もいますから、細心の配慮が必要です。トラブルを防ぐためにも、ご近所とは普段からよい関係をつくっておきましょう。とりわけ集合住宅では気配りが必要です。

飼う場所を決め生活用品を準備する

犬を飼うことが決まったら、どこでどのように飼うのかを事前に決めておきます。まずは、犬が安心して休める場所を確保すること。室内飼いでも屋外飼いでも、家族の目が届き、なおかつ落ち着ける場所が最適です（P46参照）。

次は子犬のための生活用品の用意（P39参照）。トイレやケージなどのハウスのセットのほか食器やブラシを揃え、あとは子犬がくるだけの状態に。

動物病院を探しておく

犬が病気になったり、けがをしたときにあわてないよう、前もって動物病院を探しておきましょう。近所が理想的ですが、知り合いの飼い主やペットショップに聞いてみたりして、信頼のおける獣医師を見つけておくと安心です。

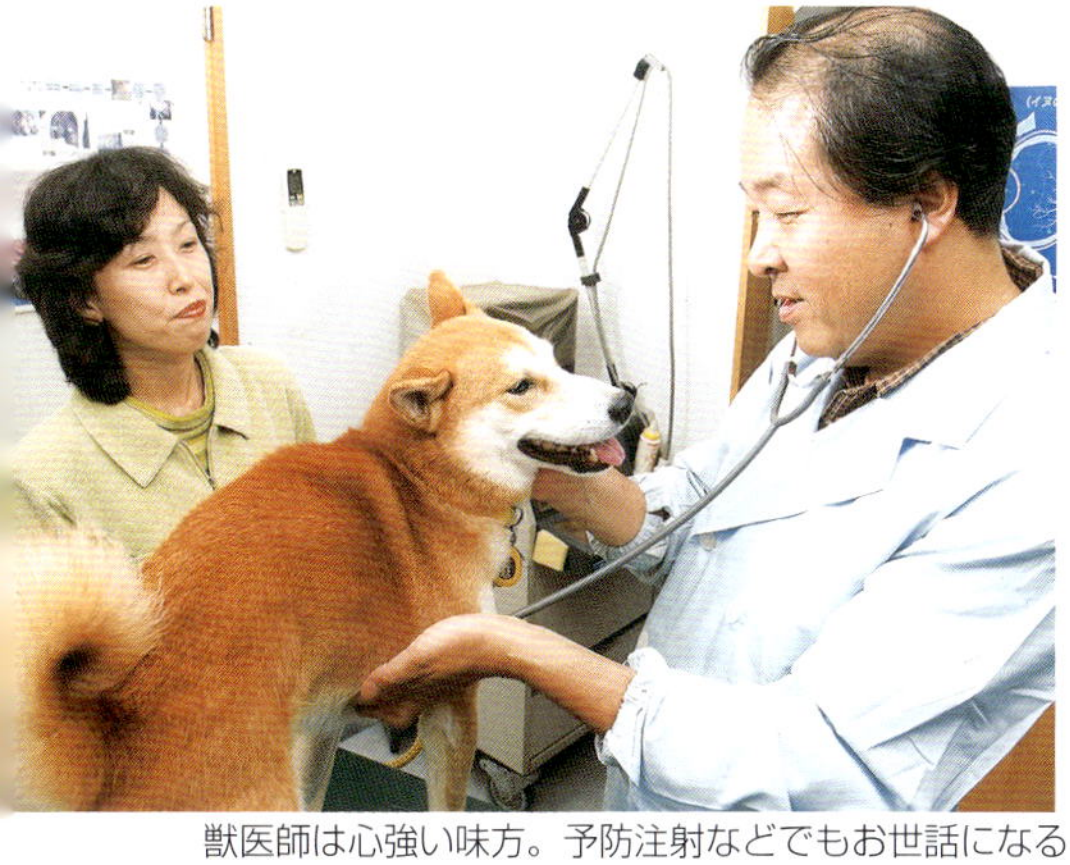
獣医師は心強い味方。予防注射などでもお世話になる

いい犬を手に入れる方法

世話ができれば子犬から飼うのが楽しい

はじめから自分でしつけ、自分に合う犬にしたい人には子犬が最適。生後2か月ぐらいの子犬を、ペットショップやブリーダーなどから購入しましょう。手間はかかりますが、やはり子犬のころのかわいさは格別です。

一方、子犬の世話やしつけになかなか時間がとれない場合は、成犬がおすすめ。この場合は、信頼できる人から譲り受けるのがいちばんです。

オスとメスでは、成長してから性格にやや違いが出る場合があります。世話やしつけの面で異なる部分もあるので、オス、メスどちらにするかは家族で話し合いましょう（P34参照）。繁殖させるの

入手方法

◆ペットショップ

一般的な入手方法だが、劣悪な環境の店もあるので要注意。近所の評判を聞いたり、何軒もまわってみて、においが気にならないか、ケージは清潔かなどをチェック。こうした衛生面や管理状態で、その店の姿勢がかなりわかる。特に犬が健康かどうかは重要なポイント。かりに目当ての犬がいなくても、信頼できる店であれば、取りよせてもらうことも可能。また、飼いはじめ直後の病気や死亡の補償や、アフターケアなどもしっかり確認する

犬種の短所なども正直に話してくれるような店が良心的といえる

◆ブリーダー

ブリーダーとは、純血種の犬を繁殖させている専門家のこと。柴犬専門の場合と、複数の犬種を扱っている場合がある。まず、愛犬雑誌の広告やインターネット、愛犬団体、知人の紹介などから情報を得て電話をし、子犬がいたり出産予定があれば、実際

確かな知識をもち、信頼できるブリーダーに出会いたい

かどうか、避妊や去勢を行うのかという点なども考慮します。

子犬から育てるのが一般的

どこで入手するか

いい犬を手に入れようと思ったら、ブリーダーを直接訪ねるのがベター。ペットショップから購入するにしても、衝動買いをせず、いろいろな子犬を見ながら慎重に決めます。そうするうちに、必ず希望にそった犬に出会えることでしょう。

に訪問して子犬と母犬の状態や環境をチェックしよう。この場合も、いくつかの犬舎をあたるのがベター。室内で飼うか屋外で飼うか、番犬にしたいかどうかなど、自分の希望を伝え、それに合った犬を繁殖し、似ている環境で飼っているブリーダーから購入するのがいい。ただし、ブリーダーは自分が生み出した犬に自信と愛着があるので、飼い主として信頼できる人にしか譲らないこともある

◆デパート

デパートのペット売り場は、気軽に何回でも足を運べる点がメリット。ただし、価格の交渉がきかないことや、店員の知識が専門店に比べやや劣る場合がある。ここでも、衛生面や管理状態をよくチェックしよう

◆知人や友人からもらう

柴犬を飼っている人から、生まれた子犬をもらう方法もある。兄弟のなかから選ぶことができ、親犬も見せてもらえる。きちんと健康診断を受けた犬を繁殖させているか、親犬の性格はどうかなどは要チェック

◆里親になる

動物病院やペットショップ、新聞、雑誌などで見かける「里親募集」に応募することも一法。獣医師によっては出産した犬を紹介してくれる場合もある。必ず犬を自分の目で確認し、親犬がいる場合は、その様子や病気の有無、健康状態、性格などもチェック。このほか市町村の動物管理センターや民間の動物愛護団体などの里親制度もあるが、柴犬を入手するのは簡単ではない

■入手方法の長所・短所

入手方法	長所	短所
ペットショップ	気軽に行って見ることができる。相談しやすい	衛生管理が行き届かず、犬が不健康な店もある
ブリーダー	純血種の優秀な犬が多い。アフターケアが手厚いところを選べば安心	タイミングよく子犬がいるとは限らない
デパート	気軽に何度も足を運べる	価格交渉が不可能。店員の知識が不足していることも
知人や友人	兄弟や親を見られる。値段が安い場合が多い	欲しいと思ったときに手に入らない
里親	値段が安い場合が多い。成犬も可能	希望に合う犬に出会うまで時間がかかる

豆柴・ミニ柴って？

その名のとおり「小さい柴犬」

最近、「豆柴（またはミニ柴）」という名前をよく耳にします。豆柴とは文字どおり小さい柴犬のことです（スタンダードのサイズはＰ64参照）。

ではどのくらい小さいのかというと、特に決まった定義はありません。豆柴というのは、日本犬保存会やＪＫＣで認定された犬種やサイズではないからです。飼っている人やブリーダーが「この柴犬は小さいから豆柴」といえば豆柴。つまり俗称です。たとえば、ダックスフンドはスタンダード・ミニチュア・カニンヘン、プードルはスタンダード・ミニチュア・トイと、それぞれ３種類のサイズがありますが、これは別々の犬種としてＪＫＣで認定されています。豆柴はそういった犬種とは違うというわけです。

どうやって手に入れたらいいの？

それでは豆柴がほしい場合は、どうやって手に入れればいいのでしょう？

１つには、たまたま産まれた小さい子犬を探すという方法があります。親犬が普通のサイズでも、産まれた子犬のなかで小さめの子がいる場合があります。健康な親犬から産まれ、ほかの兄弟と一緒に元気に過ごし、母乳を一生懸命飲んで、すくすく育っているなら問題もないでしょう。ただし、発育には早い、遅いということがあります。産まれたときは小さかったけれど、そのあと、ほかの兄弟に追いつくぐらい大きくなる可能性もあります。なお、小さく育ってかわいい成犬になったとしても、子犬を産ませることはやめたほうがいいでしょう。たまたま小さく産まれた犬にとって、交配・出産はリスクが大きいのです。

２つ目は、「豆柴」をうたっているブリーダーから直接、手に入れる方法があります。小さい血統にこだわり、親犬も小さい…そういう場合は、大きくなる確率はかなり低くなります。ブリーダーによっては100％豆柴といいきっているところもあります。ただし、専門のブリーダーは数が少ないので、希望してもすぐ手に入るとは限りません。

豆柴を入手するときの注意点

豆柴に限らず、スタンダード（標準）から大きくはずれた犬は、体が弱い場合もあります。また、ブームにのって、近親交配を重ねてつくられた豆柴がいないとは限りません。

一方で、きちんとした血統で、慎重に交配されてきた丈夫な豆柴がいるのも事実です。そういう豆柴は、小さくてもしっかりした骨格をもち、柴犬の特徴がきちんと現れていることでしょう。

本当に豆柴がほしかったら、ブリーダーに直接問い合わせ、信頼できるかどうか判断するしかありません。たまたまペットショップで見かけた豆柴を購入すると病弱であったり、逆に成犬になると普通サイズになったりということもあり、あまりおすすめできません。

間違いのない子犬選び

選ぶときのポイント

見た目にかわいいことはもちろん、健康状態や性格のチェックも大切。外見的な最低条件は、骨格がしっかりしていて、体が締まり、毛づやがよいことです。そして、だっこしたときに思ったよりずっしりしていればOK。なお、子犬をだっこをするときは、必ず店員やブリーダーの許可を得てからにしましょう。

オスにするかメスにするか

オスとメスでは、メスのほうが体が小さめで性格も穏やかな傾向があり、初心者にも飼いやすいといえます。一方、勇敢な番犬としての役割も期待する場合は、オスがおすすめ。体つきががっしりしていてたくましく、被毛も美しいからです。もちろん、こうしたことは個体差もあり、もともとの性質や環境、しつけで変わってきます。

メスは繁殖ができますが、発情期の出血の処理がたいへんというデメリットも。近所にオス犬がいる場合は、ストレスを与えないよう、散歩にも気を使います。一方オスは、マーキングの習性があるため、家の中のあちこちに尿をかけて困らせる場合があります。また、勇敢さが攻

しっぽ

尾がよく動く犬は元気

肛門

締まりがよく、周りに汚れがない

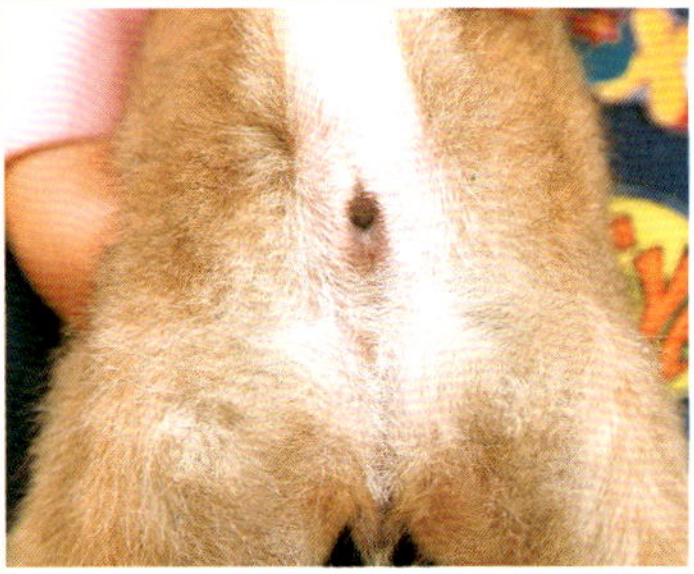

オスとメスの見分け方

おなかのほうからまたを見て、陰茎（ペニス）があればオス、なければメス

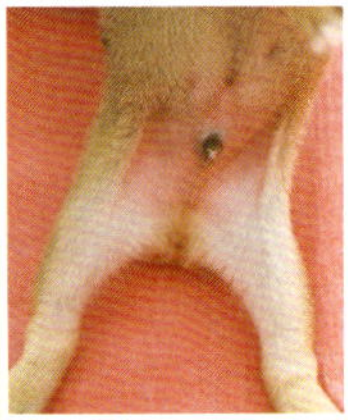

オス

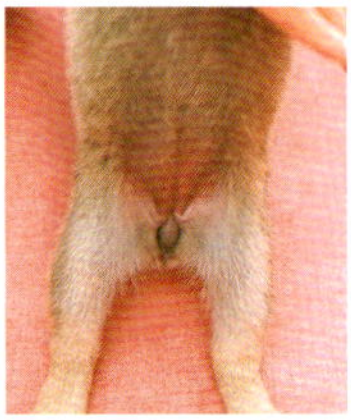

メス

撃性となってあらわれることもあります。繁殖を望まない場合の手術は、オスの去勢手術のほうがメスの避妊手術よりも簡単。一般に費用も安価です。

いい子犬の見分け方

目

生き生きとして澄んでいる。涙や目やにで周りが汚れていない

鼻

黒くつやつやしていて、冷たく、適度に湿っている（睡眠中や寝起きは乾いていても正常）。鼻水が出ていない

耳

耳の中がきれいで、異臭や悪臭がない。呼びかけや音への反応が敏感なこと

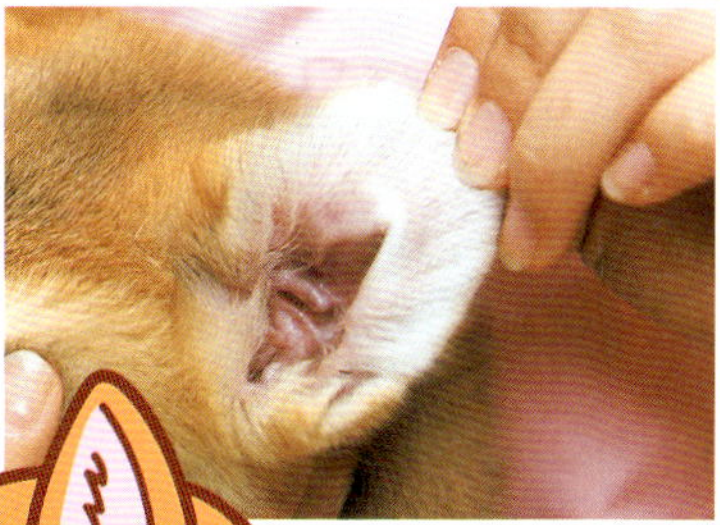

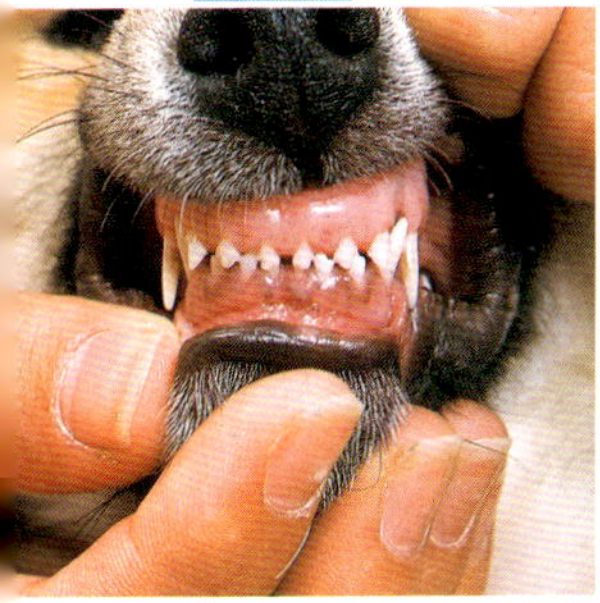

口

歯のかみ合わせが正常で、口臭がないこと。口腔内や歯茎はきれいなピンク色がよい

四肢

骨格がしっかりとして力強いこと。歩くとき、関節部分の角度、動きなどが自然。ある程度の太さがあり、まっすぐに伸びている

被毛

毛並みや色つやがよく、張りがあること。被毛をかき分け、皮膚に湿疹や皮膚病がないことも確認

子犬の性格と行動を調べる

次に、子犬の性格や行動をチェックします。おとなしい犬にもそれなりのよさがありますが、明るく、好奇心の強い積極的な性格、動きのよい子犬を選ぶとまず問題ないでしょう。

かわいい子犬たち。同じ親から生まれても顔や性格は違う

子犬の性格を調べるのによい方法は、呼びかけてみることです。呼ぶとすぐに近寄ってくる犬や、ちぎれんばかりに尾を振り、人のあとを追ってくる犬、なでられるのをとても喜ぶ犬などが家庭犬に向きます。

一方、こちらの呼びかけや動きにまったく反応を示さなかったり、吠えてばか

子犬の性格の見分け方

姿勢を低くして呼び、手を差し出してみよう

◆**すぐ駆け寄ってきて、手のにおいをかいだり、なめたりする**
➡明るく好奇心旺盛、判断力がある。初めて飼う人はこのタイプを

◆**途中まで来て立ち止まる**
➡好奇心はあるがおとなしく、やさしい性格

◆**吠える、隅のほうへ逃げる、あまり反応しない**
➡神経質で内気、または病気の可能性も

りいる、片隅にうずくまっている犬は要注意。おくびょうで神経質、病弱、あるいは人間に不信感を抱いている犬かもしれないからです。

親犬が元気で性格にも問題なければ、子犬も問題ない場合が多い

親犬を見せてもらう

犬も人間と同様に、性格や体質的なものが親から子へある程度遺伝します。子犬を選ぶときは、母犬や父犬の状態をチェックできれば万全です。心身ともに健康か、人なつっこいかなどを十分に見極めましょう。また、絶対的ではありませんが、親犬を見れば、成犬になったときのサイズも予測がつきます。

また、子犬を将来ドッグショーや展覧会に出したり、繁殖させるつもりなら、柴犬に求められる理想的な容姿が必要になります。子犬のうちからその素地があるかどうかをチェックしましょう。

血統書は純血種の証明

血統書は純血種の犬であることを証明する書類。同一犬種の父母犬から生まれた子犬に対して発行される。ここには、犬種、繁殖者、犬名、登録番号、性別、毛色、生年月日、兄弟犬の数、3～5代前までの祖先犬名などが記載されている。繁殖者（母犬の所有者）が申請し、子犬を入手したときは一緒についてくるか、あとで送られてくる。

血統書を発行している団体はいくつかあり、柴犬がもっとも多く登録されているのは日本犬保存会。次にＪＫＣ（ジャパンケネルクラブ）。ほかに、天然記念物柴犬保存会、天然記念物柴犬研究会といった団体がある。

展覧会やドッグショーに出場したり、交配のときには血統書が必要になるので、繁殖者から飼い主に所有者の名義変更を行う。

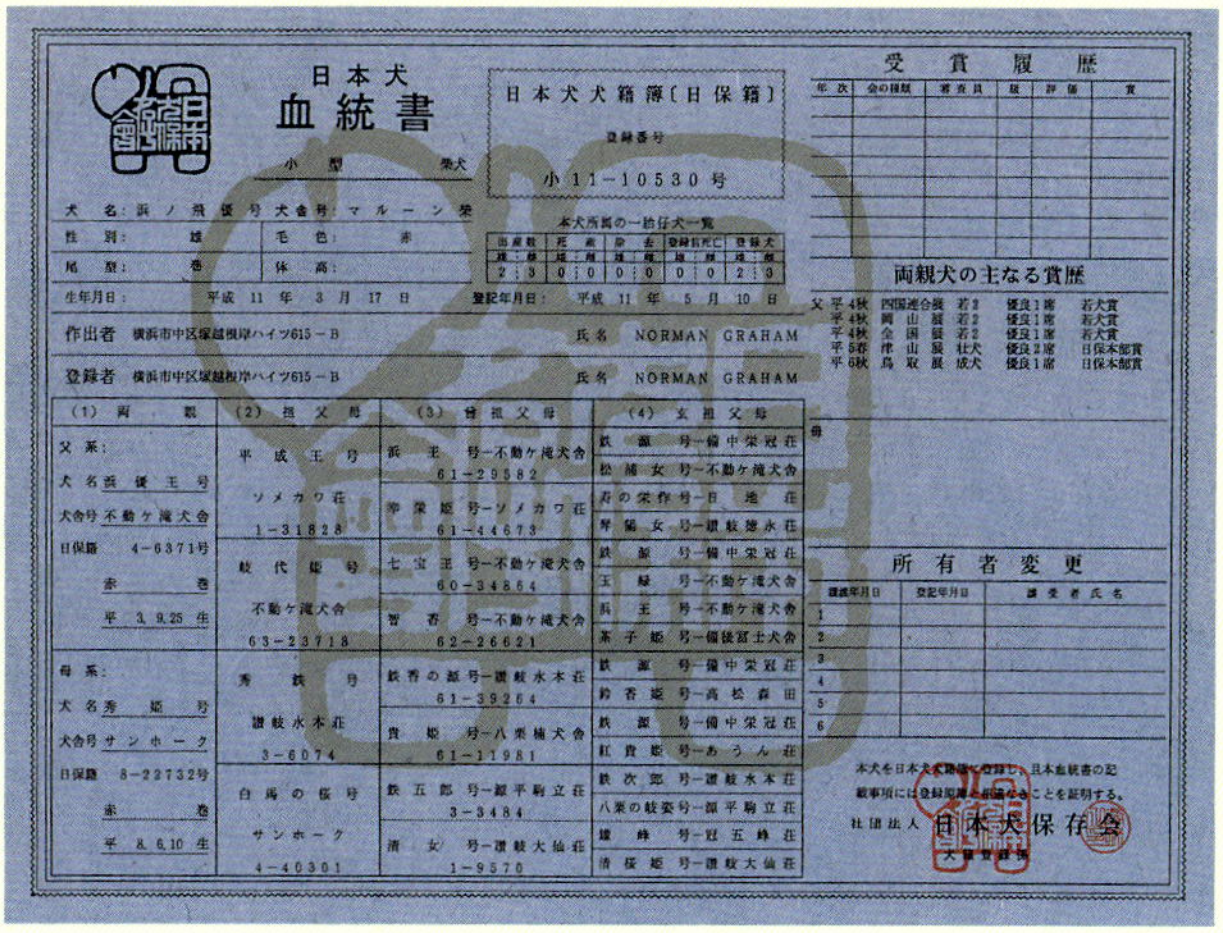

日本犬
血統書
小型 柴犬

日本犬犬籍簿〔日保籍〕
登録番号
小11−10530号

犬名：浜ノ飛優号 犬舎号：マルーン荘
性別：雄 毛色：赤
尾型：巻 体高：

本犬所属の一胎仔犬一覧

出産数		死産		除去		登録前死亡		登録犬	
雄	雌	雄	雌	雄	雌	雄	雌	雄	雌
2	3	0	0	0	0	0	0	2	3

生年月日：平成11年3月17日 登記年月日：平成11年5月10日
作出者 横浜市中区塚越根岸ハイツ615−B 氏名 NORMAN GRAHAM
登録者 横浜市中区塚越根岸ハイツ615−B 氏名 NORMAN GRAHAM

(1) 両親	(2) 祖父母	(3) 曾祖父母	(4) 玄祖父母
父系：犬名 浜優王号 犬舎号 不動ケ滝犬舎 日保籍 4−6371号 赤 巻 平3.9.25生	平成王号 ソメカワ荘 1−31828	浜王号−不動ケ滝犬舎 61−29582	鉄部号−備中栄冠荘
			松補女号−不動ケ滝犬舎
		常栄姫号−ソメカワ荘 61−44673	若の栄作号−日地荘
			琴鍋女号−讃岐想永荘
	岐代姫号 不動ケ滝犬舎 63−23718	七宝王号−不動ケ滝犬舎 60−34864	鉄部号−備中栄冠荘
			玉緑号−不動ケ滝犬舎
		智香号−不動ケ滝犬舎 62−26621	浜王号−不動ケ滝犬舎
			茶子姫号−備後冨士犬舎
母系：犬名 秀姫号 犬舎号 サンホーク 日保籍 8−22732号 赤 巻 平8.6.10生	秀鉄号 讃岐水木荘 3−6074	鉄香の部号−讃岐水木荘 61−39264	鉄部号−備中栄冠荘
			鈴香姫号−高松森田
		貴姫号−八栄楠犬舎 61−11981	鉄部号−備中栄冠荘
			紅貴姫号−あうん荘
	白鳥の桜号 サンホーク 4−40301	鉄五郎号−讃平駒立荘 3−3484	鉄次郎号−讃岐水木荘
			八栄の岐姿号−讃平駒立荘
		清女号−讃岐大仙荘 1−9570	嫌峰号−冠五峰荘
			清桜姫号−讃岐大仙荘

受賞履歴

年次	会の種類	審査員	級	評価	賞

両親犬の主なる賞歴
父 平4秋 四国連合展 若2 優良1席 若犬賞
平4秋 岡山展 若2 優良1席 若犬賞
平4秋 全国展 若2 優良1席 若犬賞
平5春 津山展 壮犬 優良2席 日保本部賞
平6秋 鳥取展 成犬 優良1席 日保本部賞
母

所有者変更

譲渡年月日	登記年月日	譲受者氏名
1		
2		
3		
4		
5		
6		

本犬を日本犬犬籍簿に登録し、日本血統書の記載事項には登録原簿と相違なきことを証明する。
社団法人 日本犬保存会
犬籍登録係

日本犬保存会発行の血統書
両親犬の賞歴なども記載されている

子犬のお迎え

迎える前の準備

子犬を迎えることになったら必要な生活用品を揃える、ハウスとトイレの場所を決めるなどの準備をします（P86参照）。ハウスの中には、寝床としてやわらかいタオルやバスマットなどを敷いておきましょう。

電気コードなど口にしては危険なものや、かじられたら困るものは、犬が届かないところへ移動します。

犬を迎えに行く

子犬のお迎えは、新しい環境に慣れる時間が多いほうがよいので、休日の午前中に行くのがベストです。購入先に着いたら、子犬の体調や食事についてなど、最終的なことを確認します。

お迎えのときは、急な嘔吐などに備え、タオルやティッシュ、ビニール袋を用意。車の場合は同乗者がひざに抱いたり、一人の場合はケージなどに入れて移動します。電車やバスの場合はキャリーケースが必要で、有料の場合もあります。

購入先での注意点

子犬のストレスを少しでも軽くするため購入先・譲り受ける先から、いろいろな情報を得ておこう。同じ食事を同じように与えるなどの気配りが早く環境に慣れることにつながる

◆食事について聞く
ドッグフードの商品名や食事の量、回数などを聞く。最初はそれまで食べていたものを少量分けてもらうか、同じものを購入して与える

◆健康状態、性格について聞く
健康状態に不安はないか？便や尿などに異常はないか？性格やクセなども聞いておく

◆ワクチン接種について聞く
子犬には最低2回のワクチン接種が必要（P56参照）。接種を行ったか、次の接種はいつごろかを聞き、接種済みであれば接種証明書をもらう

◆シャンプーについて聞く
シャンプーしたことがあれば、その時期やシャンプーの商品名を聞く。ペットショップなら同じものを購入するとよい

◆お気に入りだったものをもらう
お気に入りのおもちゃや、子犬のにおいのしみこんだタオル、毛布などをもらうと、子犬は安心できる

◆血統書をもらう
純血種の場合は血統書をもらう。申請中の場合は、後日になることもある

生活用品を揃えよう

◆ケージ（ハウス）

室内飼いの場合はもちろん、屋外飼いでも用意したほうがよい。成犬になっても使える大きさのもの、移動に使えるものがおすすめ

Ⓣ

◆トイレ、ペットシーツ

トイレは市販のトイレ用トレーのほか、台所用の水切りトレーやプラスチックの空き箱で代用してもよい

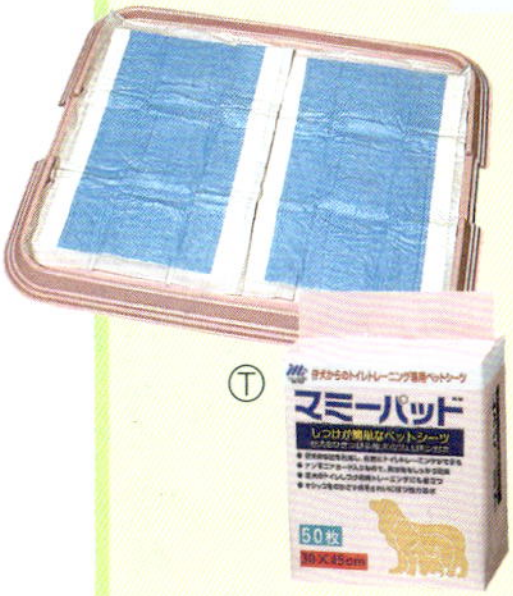

Ⓣ

◆ブラシ、シャンプー、リンスなどの衛生用品（P100、P104参照）

Ⓓ Ⓔ

◆食器（食事用、水飲用）

ある程度の重みがあって、底が安定したもの。ステンレス製か陶器製がおすすめ。プラスチック製はおもちゃにしてかじってしまうことがあるので注意

Ⓓ

◆しつけ・遊び用のおもちゃ

ボールなどの転がるおもちゃや、かじるおもちゃがあれば、退屈しのぎのいたずらが減る。ぬいぐるみは、目などにガラス玉やボタンを使っていると、飲み込む可能性があるので避ける

Ⓓ

◆首輪、リード（引きひも）などの散歩用品

ナイロン製は手軽に洗えるので便利。リードと首輪がお揃いになったもの、一体型のものもある。最初は首に負担のかからない軽いものがよい

Ⓓ

Mini column

子犬の保証について

ペットショップやデパートなどでは、犬を購入すると、期限つきの保証書を出すところがあります。これは、購入直後の犬の病気や死亡などを補償する大事な書類。これらの店で買うときには、保証期間の有無やその内容について確認しましょう。

Ⓣ 東京ペット(株)　Ⓓ ドギーマンハヤシ(株)　Ⓔ (株)ハートランド

わが家に子犬がやってきた

初日からしばらくは静かに見守る

子犬は緊張と不安を抱えて新しい家にやってきます。しばらくはあまり騒がず、静かに見守りましょう。特に小さい子どもが騒がないよう注意してください。なお、屋外で飼う場合も、ワクチンやノミ・ダニ・フィラリア予防などが済む生後3～4か月までは室内で過ごさせます。

初日は、家に着いたらまずトイレに連れて行き、トイレのしつけ（P86参照）をはじめます。その後は、すぐハウスに入れてゆっくり静かに休ませましょう。

そして数日間は、軽いスキンシップ程度であまりかまわず、家の中を自由に探検させてあげるのが、早く家に慣れるコツ。遊ぼうとじゃれついてきたときは、疲れない程度に相手をしてあげます。

なお、ストレスによる低血糖症の予防のために、しばらくは飲み水に少量のハチミツを入れるのもいいでしょう。また、最初の食事は今までと同じ時間に、いつもの半分くらいの量を同じ要領で与えます。何日かはあまり食欲がないかもしれませんが、元気に遊んでいれば無理に食べさせなくても大丈夫。元気なのに下痢をしたら一食抜いて様子を見ましょう。

名前を呼ぼう

子犬の名前は決まっていますか？　まだでしたら、１３８ページの名付けヒント集を参考にしてみてください。名前は、繰り返し呼びかけているうちに、自分のことだと理解するようになります。

名前を呼ばれるのはうれしいことだと思わせるのが、よい犬に育てるコツ。ほめるときや食事のときは名前を呼び、叱るときには呼ばないようにします。

夜鳴きの対応

初めての夜は、不安からさびしそうに鳴く子犬がいますが、たいてい2、3日でおとなしくなります。不安を和らげるために、ハウスにぬいぐるみやクッションを入れてあげるのもいいでしょう。

鳴いたときは、すぐそばに行ったり、抱いたりしないで放っておきます。鳴けばかまってもらえると思い込ませると、なかなか夜鳴きがおさまらないからです。

また、一緒にベッドで寝たりすると、後々のしつけの障害になります。

うちに子犬がきた日

午前

みんなでお迎え

待望の子犬がやってきた！　不安な子犬の気持ちを考えて、静かにやさしく接する

POINT
とり囲んで騒がない。みんなで触ったり、抱きまわしたりしない

トイレ

まず、トイレを教える。この後もそわそわしたらすぐトイレに連れて行く

POINT
最初はできなくて当然。粗相しても叱らない

午後

食事

最初の食事は今までと同じものを、半分くらいの量で同じ時間に。水はいつもきれいなものをたっぷりと用意しておく

POINT
初日はあまり食べなくても心配ない

休ませる

少し動き回ったら、しばらく静かに休ませる。子犬はよく眠らせること

POINT
眠っているときはじゃましない

新しい環境に慣れさせる

入っていいと決めた場所を自由に探索させる。ハウスやケージに慣れさせるために、中におもちゃを入れて誘ってみる。そのうち安心できる自分の個室だとわかるはず

POINT
ケージは慣れるまでドアを開けておく

遊ぶ

眠りから覚めてじゃれてきたら、あまり興奮させない程度に遊んであげよう

POINT
ただし、疲れるのであまり長く遊ばないこと

夜

夜鳴き

夜鳴きの対応には、ぬいぐるみや音の出るものを置くのも手。湯たんぽやペット用ヒーターを入れると安心することも

POINT
かわいそうでも心を鬼にして知らん顔すること

落ち着いてきたら動物病院で健康診断を

新しい家にきた子犬は、最初の1週間ぐらいは緊張や不安で体調をくずしがち。下痢をする子犬も少なくありません。でも、たっぷり眠って元気であれば、あまり神経質にならないこと。ただし、過激な運動、長時間の運動は疲れるので、あまり遊びに誘わないようにします。この期間はゆっくり気長に接しながら、食事の量や便の様子、睡眠時間などをチェックします。そして、徐々に新しい環境に慣らしていきます。

一方、あまり動かなかったり、嘔吐を繰り返したり、咳をするなど、明らかに元気がない、または病気を疑うような様子を見せたら、すぐに動物病院へ。そのほか不安なことは、購入先に相談するのもよいでしょう。

なお、体調に問題のない子犬でも、環境に慣れて落ち着いてきたら、動物病院で健康診断を受けます。予防接種（P114参照）や寄生虫検査（便を持っていく）など、すべきことがたくさんあるので、日程などを獣医師と相談します。

子犬のころは眠るのが仕事。十分に寝かせてあげよう

子犬の抱き方

1 子犬の前足の脇の下から片手を入れて胸を支える

2 もう一方の手でお尻をおさえてやさしく抱く

注意！

前足だけ持ち上げるようにして抱くのは、関節を傷めるおそれがある。小さい子どもが抱くときは気をつけよう

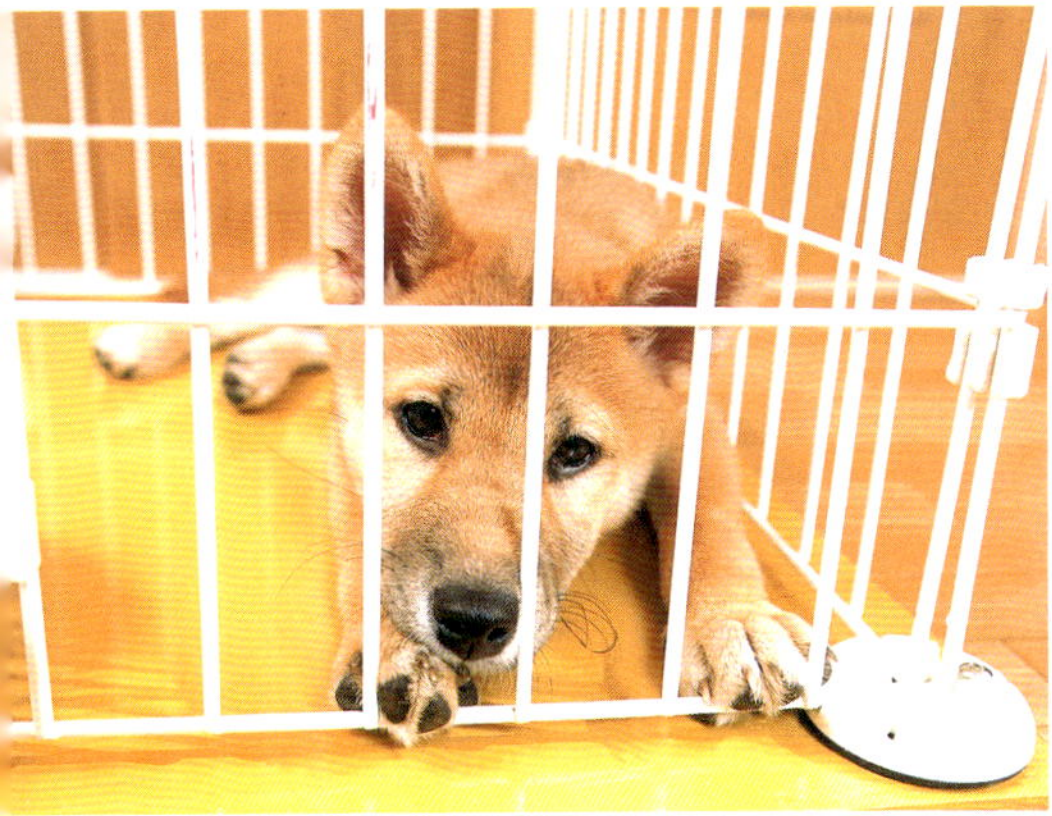
環境に慣れてきたら動物病院で健康診断を受けよう

１週間もたつと、新しい家や家族に慣れて元気に遊ぶ

先住の犬や猫を優先してかわいがる

先住の動物がいる場合は、そちらを優先してかわいがりましょう。食事も遊びも散歩も、すべて先輩が優先です。

新しい子犬に家族がつきっきりになると、先住者が子犬を攻撃したり、ストレスで体調をくずすなど、いろいろな問題がおこることがあります。

飼い主は両方の様子を注意深く見守り、慎重にゆっくり慣れさせていきましょう。

先住の犬や猫との対面

◆犬の場合は抱いて

子犬を抱いて先住犬と対面させる。先住犬が落ち着いていれば、子犬を床に置いて様子を見る。先住犬がうなって攻撃しそうなときは「ダメ」と制し、落ち着くまで待つ

◆猫の場合はケージに入れて

最初は子犬をケージに入れて対面させる。次に子犬をケージから出し、猫を抱いて会わせる。猫が落ち着いていたら、床において様子を見る。子犬は猫と遊びたがるが、猫はいやがったり、ひっかいたりして逃げることが多い。成犬になれば、たいていはお互いのペースで干渉せずに生活するようになる

飼い主の義務を守ろう

飼い主としてすべきこと

犬の飼い主には、畜犬登録と、狂犬病（人にも感染する）の予防注射が法律によって義務づけられています。

一方、ジステンパーなどの感染症の予防接種は、義務ではありませんが、命にかかわる重い病気から愛犬を守るために必要な対策です。ほかの犬に感染させる恐れもあるので、任意とはいえぜひ受けてください。

死に至ることもある感染症（P114参照）はいくつかありますが、動物病院で混合ワクチンを接種すれば予防できます。

子犬のときに2回以上、その後、1年に1回ずつ接種します。

生涯1回の畜犬登録

畜犬登録は、生後90日以上の犬の飼い主すべてに義務づけられた生涯1回（平成7年以降から有効）の登録です。

犬が生後90日を過ぎたら狂犬病予防接種を受け、その「注射済証明書」を持って、30日以内に市区町村の役所や出張所、保健所に出向き、手続きをします。

登録料は3000円（東京都の場合）で、登録済証として、鑑札と標識（ステッカー）、注射済票が交付されます。鑑札は犬の首輪につけ、標識は玄関の入り口などに貼ります。

なお、畜犬登録をしたあと、次のような場合は各種届け出が必要です。飼い犬が亡くなったとき、または飼い主が変わ

畜犬登録手数料票

標識

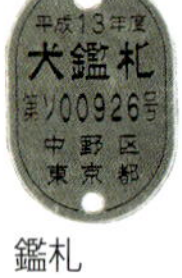

鑑札

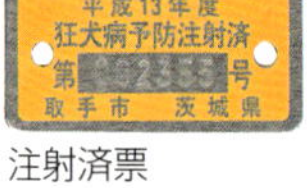

注射済票

鑑札は首輪につけると、迷子になったときなどに飼い主がわかる。ただし保健所は24時間対応ではないので、電話番号を書いた迷子札は別につけたほうがよい

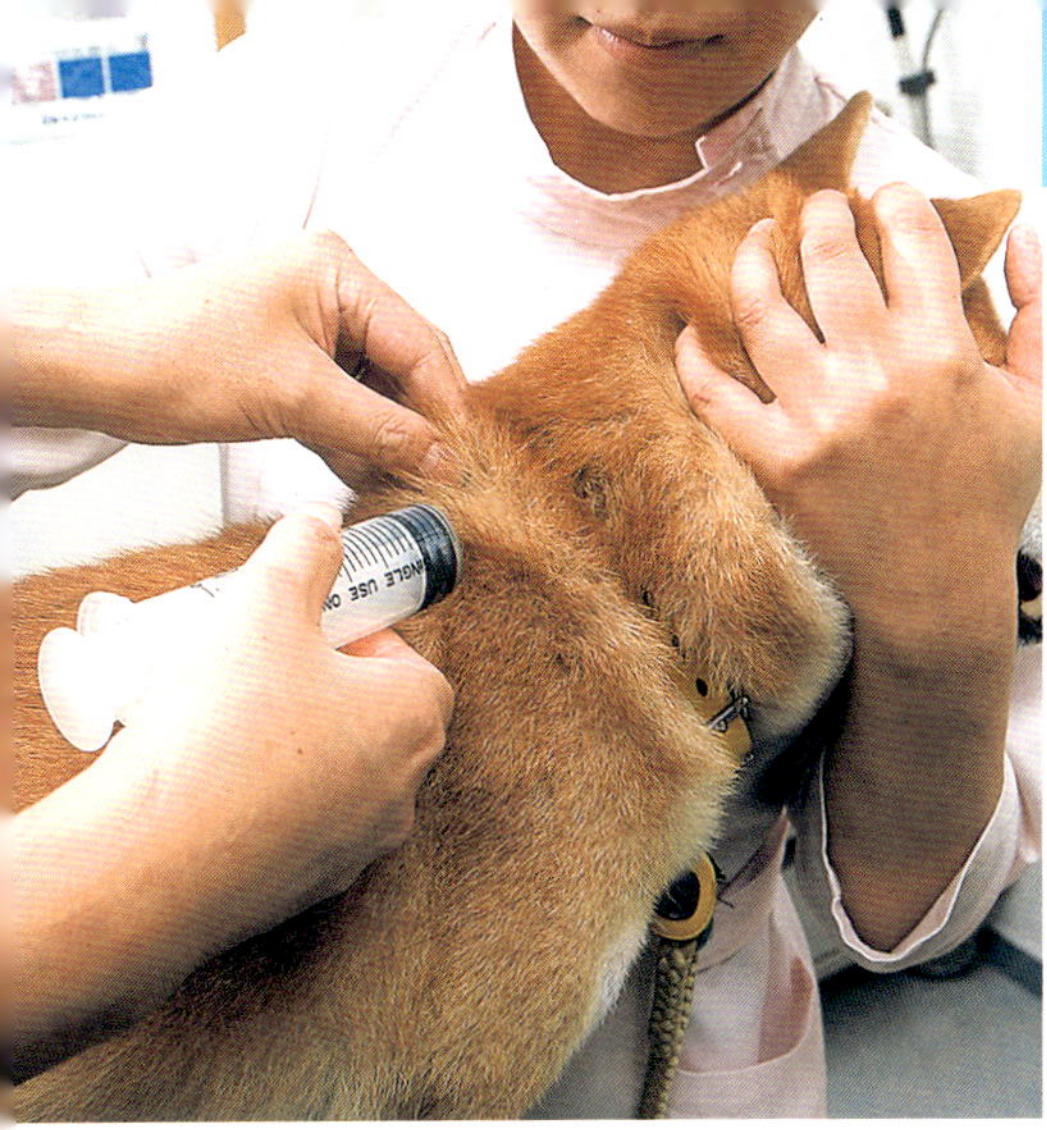

ったときは、廃犬届を出し、鑑札を返して登録を抹消してもらいます。また、飼い主の住所や所在地が変わったときは、住所の変更を届け出ます。どちらも役所または保健所で手続きをします。

年1度の狂犬病予防接種

飼い主は毎年1回、飼い犬に狂犬病予防接種を受けさせることも義務づけられています。各市区町村で4月に集合会場を指定し、派遣された獣医師が接種します。畜犬登録していると案内通知が送られてきますので、指示に従ってください。

もしも、都合が悪くて指定日に受けられなかった場合は、いつでも動物病院で接種できます。最初から動物病院で接種してもかまいません。病院でもらった「注射済証明書」を保健所などに提示すれば、注射済票の交付が受けられます。

注射の費用は地域や病院で異なり、交付手数料も別料金となります。

ご近所へのあいさつ

Mini column

犬を飼ったらまず、お隣にあいさつに行きましょう。そして、もし迷惑がかかったり、気になることがあったら、遠慮なく教えてくれるようにお願いしておきます。

近隣の人が犬好きだとしても、よその犬の鳴き声やにおい、抜け毛などはとても気になるもの。極力迷惑をかけないよう心配りをしたいものです。

また、子犬が落ち着いたら、だっこしてあいさつに行くのもいいでしょう。かわいい子犬を見れば、その後も大らかに接してくれるかもしれません。

■飼い主が犬の一生にすること

	内容	回数
届出	畜犬登録	1回
	廃犬届	犬が死亡、飼い主が変わったとき
	住所変更届	住所の変更時
予防注射	狂犬病予防接種	年1回
	感染症の予防接種（5種・7種混合ワクチンなど）	年1回（任意）
健康診断	検便、尿検査、血液検査など	年1回（任意）

快適なスペースづくり

室内で飼うか屋外で飼うか

柴犬は本来、屋外で飼われてきた犬種。外で自由に走り回ったり、穴を掘ったりでき、夜は安心して眠れる場所があれば最高です。日本の気候にも適し、柴犬の魅力であるがっちりとした体格や被毛の美しさも、屋外飼いのほうが保たれます。

一方で柴犬は室内でも飼えます。小型で清潔好きということもあり、都市部を中心に室内飼いの家庭が増えています。柴犬のもつたくましさや精悍さが薄れることはありますが、愛らしい性格になり顔つきも穏やかになる犬が多いようです。

屋外飼育ではつなぎっ放しにしない

予防接種が済んだら、徐々に屋外にいる時間を伸ばしていきます。慣れても放ったらかしにはせず、犬舎をできるだけ家の近くで、家族から見える場所に置き、声をかけたり、遊んだりというふれあいの時間を持ちましょう。柴犬は一緒に遊んでくれる人が大好きです。

短い鎖につないだままだと警戒心が強まりやたらに吠えるようになったり、運動不足になりがちです。フェンスの中で自由にしているのが理想的。そして、犬舎は静かで日当たりや風通しがいい場所に置き、夏は涼しく、冬は暖かく過ごせる工夫をします。特に夏はフィラリア症予防のためにも、犬舎の入口や窓を金網でおおい、蚊とり線香などを使って蚊を防ぐようにしましょう。もちろん、犬舎の中はいつも清潔に。マメに掃除をして、敷物はときどき日光にあてましょう。

家族の姿が見えると犬も安心

室内飼いでもハウスを用意する

室内飼いのよさは、コミュニケーションが充実すること。とはいっても、いつも一緒では犬もつらくなります。犬だけの安らぎの場として、扉が閉まるハウス

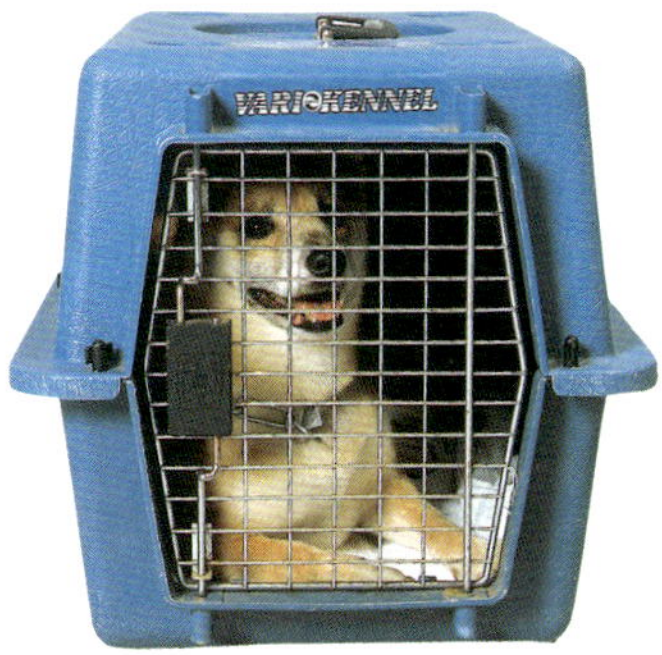

運搬用犬舎は、ハウスとしても使用できる。慣らしておけば、一緒に旅行をするときや獣医師の診察を受けるときなどに役立つ

居間にケージを設置。落ち着いて休める場所を与える

を用意し、最初は開けっ放しにしておき、自由に出入りさせます。犬がハウスの中で休んでいるときは、かまわずに放っておきましょう。

そして、「ハウス」という命令で中に入り、扉を閉めても落ち着いていられるようハウスのしつけ（P84）をしていきます。これができると、来客時や留守にするとき、仕事のじゃまをされたくないときなどに助かります。さらに、運搬できるタイプのハウスなら、一緒に旅行に行くとき、急用で知人に預けるときなども、犬が安心していられます。

なお、ハウスは犬が落ち着け、家族の目が行き届く場所に置きます。リビングの片隅などが理想的です。

スペースづくりの注意点

屋外で飼う場合

- 四季の温度差に注意し、寒さ、暑さをしのげる工夫を。特に子犬や老犬には配慮する
- 犬舎は目が届くところに置き、コミュニケーションをとる
- 自由に動ける範囲をなるべく広くする
- 蚊、ノミ、ダニなどの予防をしっかりし、犬舎を清潔に保つ

室内で飼う場合

- 危険なもの、小さいものをかじったり飲んだりしないように注意
- 入っていい場所といけない場所の区別を教える
- 日光浴と運動を欠かさない。運動はなるべく土のある場所で
- べたべたかまったり、甘やかしすぎないように

COLUMN

便利グッズ

◆ペットボイジャー
ハウスは持ち運びもできるものを選んでおくと、車や電車に乗るときや旅行先で重宝する。ハウスにいれば安心というしつけをしてあげよう

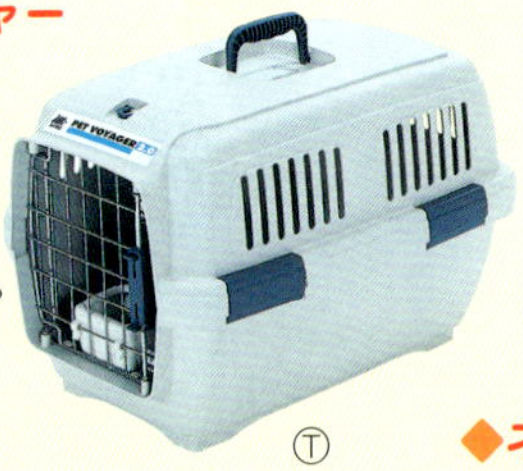

Ⓣ

◆ビターアップル
家具や柱など、かじってほしくないところに吹きつけて使う。犬がいやがる苦い味だが、原料はリンゴなのでなめても無害

Ⓜ

◆ネイチャーズミラクル
トイレのしつけができるまでは消臭剤が必需品。天然酵素配合で、カーペットや家具、衣類などに効果がある

Ⓜ

◆デンタルコットン
丈夫なロープのようなもので、素材はナチュラルコットン100%。犬が喜ぶかたさで、歯石の除去、アゴの強化などの効果も。丸洗いできる

Ⓣ

◆オプティマ
長さを手元で調節できる伸縮式リード。「マテ」「コイ」の練習や、屋外の広い場所で遊ばせたいときなどに

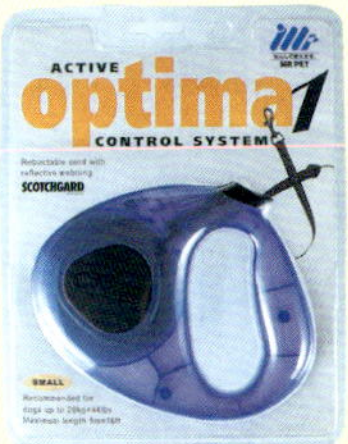

Ⓣ

◆コング
犬のおもちゃの定番といえばこれ。かんでも壊れないかたいゴムでできている。中の空洞の部分におやつをつめておくと、留守番時などの退屈防止にも

Ⓣ

◆デッキ付ウッドハウス
防虫効果のあるヒノキを使ったハウス。防腐効果のある塗装を施しているので、屋外で使用できる。床板は取り外せるので掃除も簡単

Ⓟ

サークル

必ずしも必要なものではないが、トイレのしつけ（P86参照）を完璧にしたいのであれば、あったほうがよい。最初から完成品になっているタイプや折りたたみ式、必要なサイズだけジョイントしていくタイプなどがある。いずれにしても、サイズはさまざまなので、置くスペースを考えて購入しよう。ペットショップ、ホームセンター、通販などで購入できる

Ⓣ東京ペット（株）　Ⓜモッピー&ナナ（株）　Ⓟ PEPPY

第3章

柴犬の飼い方、育て方

成長過程と育て方のポイント

① 新生児期（誕生～30日）

体重◆200g ～1.5kg

授乳や排泄の世話は、ほとんど母犬が行う。子犬は、母乳を飲むとき以外はたいてい眠っている。7～10日くらいで、体重は生まれたときの約2倍に。生後3週間ごろから、自分で排泄するようになり、離乳食も食べはじめる。液状からかゆ状に、そしてやわらかめの子犬用フードへと徐々に変えていく。この時期はシャンプーも被毛の手入れも必要ない。冬期は保温が必要 ➡P132参照

② 幼年期（30日～90日）

体重◆1～4kg

性格形成や社会性を身につける大切な時期。体がしっかりしてきて、走ったり、跳びはねたりもできるようになる。食事やトイレなど基本的なしつけをはじめよう。生後70日ごろには離乳も完了、子犬用フードを1日4回与える。生後2か月後半ごろには、母犬からの免疫抗体が切れるので、ワクチン接種を受ける。この時期はまだ外に連れ出せない。被毛の手入れに徐々に慣れさせる ➡P56参照

③ 少年期（90日～6か月）

体重◆3～7kg

ワクチン接種や狂犬病予防接種が済んだ生後3か月半ごろから散歩を開始。最初は家のまわりを歩く程度に。散歩は運動のほかに、犬を人間社会に慣らしルールを身につけさせるという目的がある。食事は1日3、4回。体の基礎をつくるときなので、栄養バランスには特に注意する。5、6か月になったら、自由運動もはじめよう。大人の被毛に生えかわるので、手入れをマメに ➡P60参照

⑥ 老犬（8年～）

体重◆7～10kg

活動的でなくなり、寝ていることも多くなる。また、体の各機能の低下によって抵抗力が弱まり、さまざまな病気にかかりやすい。老犬用のフードなど、栄養価が高く消化しやすい食事と、無理のない運動で健康を維持しよう。暑さ、寒さにも敏感になるので、季節に応じた快適な環境づくりに心を配りたい。被毛の汚れが目立たなければ、シャンプーはなるべく控える。高齢になったらできるだけ静かに生活させてあげよう

➡P68参照

⑤ 成犬（1年6か月～8年）

体重◆7～10kg

完全な成犬になり、性格にも落ち着きが出てくる。一生でもっとも活動的な時期。食事は適量を守り、思いっきり体を動かす運動も行わせる。被毛の美しさを保つためには、ブラッシングやシャンプーなど、これまで以上の手入れが必要。しつけの基本にそって、甘やかさないように育てる

➡P66参照

④ 青年期（6か月～1年6か月）

体重◆6～10kg

生後6か月ごろには永久歯も生えはじめ、体格は徐々に成犬に近くなる。8か月を過ぎたら、食事回数は1日2回に定着。フードは品質のよい成犬用のドッグフードがベスト。肥満がはじまる犬もいるので、食事は適量を与え、しっかり運動する習慣をつける。おやつの与えすぎに注意。メスは生後7、8か月ごろ、最初の発情を迎える。オスは同じころ、マーキングをはじめる

➡P66参照

■犬と人間の標準年齢換算表

犬	人間	犬	人間
1か月	1歳	7年	44歳
2か月	3歳	8年	48歳
3か月	5歳	9年	52歳
6か月	9歳	10年	56歳
1年	17歳	11年	60歳
1年半	20歳	12年	64歳
2年	23歳	13年	68歳
3年	28歳	14年	72歳
4年	32歳	15年	76歳
5年	36歳	16年	80歳
6年	40歳	17年	84歳

食事の与え方の基本

犬の食事の与え方

愛犬の健康の基本は毎日の食事。かつては、犬の食事といえば人間の残り物でしたが、今は犬の栄養についての研究も進み、良質のドッグフードも数多く市販されています。飼い主が犬の栄養必要量を知り、バランスのとれた食事を与えれば、犬は元気で長生きできます。

ぜひ、知っておいてほしいのは、犬と人間の食事の内容に大きな違いがあるということ。たとえば、たんぱく質は人間の4倍、カルシウムなどのミネラル類は10倍も必要なのに、塩分は人間の3分の1から5分の1、野菜類はあまり重要ではありません。飼い主はこれをよく理解して、愛犬の成長に見合った食事を、必

犬に必要な栄養素

◆タンパク質
もっとも重要な栄養素。筋肉や血液、内臓、皮膚など、犬の体のほとんどを形成するほか、ウイルスや細菌、ストレスなどから体を守るはたらきもある。アミノ酸の多い動物性タンパク質がよいが、摂りすぎは病気のもと。不足するとやせて毛づやが悪くなる

◆炭水化物
米、麦、いも類、野菜類に多く、エネルギー源となる。繊維質が多いので、便通がよくなるという効果も

◆脂肪
エネルギー源であり、脂溶性ビタミンの吸収を助ける。バターやマグロ赤身などの動物性脂肪だけでなく、サラダ油、大豆油などの植物性脂肪も体によい。不足するとやせて毛づやが悪くなり、皮膚病などをおこす。摂りすぎは肥満や下痢のもと

◆ビタミン
目や歯、骨の健康など、犬の成長や健康維持には欠かせない栄養素。ビタミンCとKは犬の体内でつくることができるので、摂取する必要はない。AとDは摂りすぎるとよくない

◆水
体の60%が水分である犬にとって、水は必要不可欠。常に新鮮な水を用意する

◆ミネラル（カルシウム、リン、カリウム、ナトリウム、鉄、亜鉛など）
神経や筋肉の活性化、体液のバランスをとる役目を果たす。カルシウムは人間の約10倍必要

要なぶんだけ与えましょう。

ですから、食卓にあるものをむやみに与えるのはよくありません。人間の食べ物は脂肪や塩分が多く、場合によっては、肥満や腎臓病などの原因になることもあります。また、適量を守ることも大切。成長段階や体重、運動量に応じて、パッケージの標準量を参考に食事を与えます。ただし、食べる量は個体差があるので、便の様子なども参考にするとよいでしょう。一般的に、便がやわらかければ食事が多すぎる、便がコロコロと固ければ食事が足りないと疑ってみましょう。

食事は必要量を規則的に与えよう

Mini column

犬の食べ方

犬は、見ていて気持ちがいいほどガツガツ食事をたいらげます。だからといって食事が足りないのでは、なんて心配はいりません。ガツガツ食べるのは、獲物がとれたときに食べておくという狩猟動物の習性なのです。

また、犬は人間のようにグルメではなく、毎日同じ食事でも満足します。ちょっとしたおやつはしつけに使うと効果的ですが、食事は決まったものを適量与えていれば大丈夫。刺激の強いものや味の濃いものは、犬の健康に支障をきたすので注意しましょう。

■成長別食事の与え方（1日当たり）

＊量については、ドッグフードによりエネルギー量が異なるため、パッケージに記載されている量を参考に

	内　容	回　数
新生児期（3週間～30日）	離乳食。犬用ミルクに混ぜて	4回［朝、昼、夕、夜］
幼年期（30日～90日）	離乳食から子犬用の普通食へ移行。栄養バランス、消化吸収のよい食事を	
少年期（90日～6か月）		3、4回［朝、昼、夕、(夜)］
青年期（6か月～1年6か月）	子犬用から成犬用フードへ移行。ドライフード主体がベスト	2、3回［朝、(昼)、夕］
成犬（1年6か月～8年）		1、2回［朝、(夕)］
老犬（8年～）	老犬用のフード。塩分は控えめに	

栄養バランスのよいドッグフードが最適

栄養バランスのよい良質のドッグフードは最適の食事。人間の食品と同様の品質管理も行われています。日本犬は粗食でいいという人もいますが、粗食にも耐えられるというだけで、健康を考えれば栄養価が高いフードをあげるのがベスト。

ドッグフードのタイプにはドライ、半生、ウェットなどがあり、原材料や味のバリエーションも豊富。なかでも、ドライフードは、必要な栄養素がバランスよく配合されているうえ、安くて手軽、保存性が高く、かみごたえもあるなど、一般的におすすめできるタイ

表示について 主食として与えるフードは「総合栄養食」と表示されているものに限る。この表示ができるのは、ペットフード公正取引協議会の分析試験、または米国飼料検定官協会の給与試験により基準を満たしているものだけ。なお、「スナック」の表示はおやつ用、「そのほかの目的食」は栄養補完食など特定の目的で与えるもの

ドッグフードの種類と特徴

◆ドライ（乾燥）タイプ

ドッグフードの主流。水分の含有量が10％以下の固形状のフード。犬に必要な栄養素を多く含み、保存性もよく安価。必ず水と一緒に与える

ドライフード Ⓥ

◆ウェットタイプ（缶詰、レトルトなど）

水分75％以上で口あたりがよく、犬が一番好むタイプ。価格はドライよりもやや高め。開封後は冷蔵庫で保管し、早めに使い切る

缶詰 Ⓗ

◆おやつ類

クッキーやジャーキーなどのおやつは、しつけのごほうびに与える程度にし、決して主食にしないこと。ドッグフードと同様、質の高いナチュラルなものを与えよう

◆セミモイスト（半生）タイプ

水分25～35％を含む、ドライタイプとウェットタイプの中間フード。適度にやわらかく食べやすいので、子犬や老犬向き。ドライやほかの食物と併用してもよい

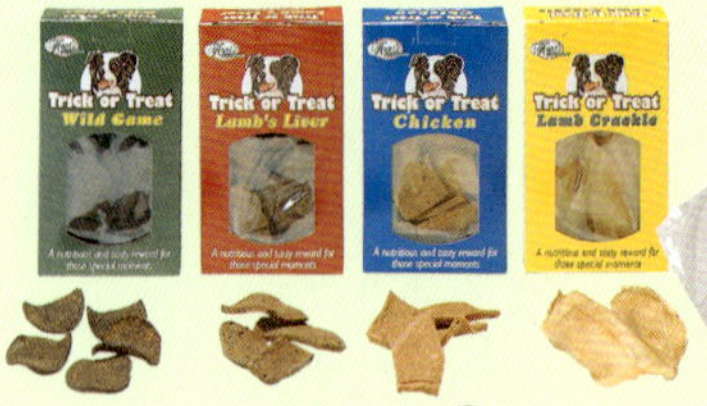

トリーツ Ⓜ

犬用クッキー Ⓝ

Ⓥバンガードインターナショナルフーズ Ⓗ日本ヒルズ・コルゲート(株) Ⓝナチュラルクッキーファーム Ⓜモッピー&ナナ 54

プです。なお、食事として与える場合は、パッケージをよく見て「総合栄養食」と表示してあるものを選んでください。

最近は、犬の健康に配慮して、ドッグフードもナチュラル志向になっています。とはいっても、メーカーや種類によって合う、合わないという個体差はありますし、特定の原料にアレルギーをおこす犬もいます。皮膚や便の様子を見て、合わないと思ったら、メーカーや銘柄を変えてみましょう。たとえば原料も牛肉、ラム肉、鶏肉など銘柄によってさまざま。ぴったりのフードが見つかるまでは、小さい袋で購入するとよいでしょう。

手作り食について

手作りでドッグフードと同じような栄養バランスのよい食事を作るのはむずかしいことです。ドッグフードをベースに手作り食を少量加えるか、たまに手作り食を与えるくらいならよいでしょう。作り方は、穀物よりも肉類を多めにし、材料を細かく切って、やわらかくゆでます。ミキサーにかけてペースト状にしてもよいでしょう。味はつけないか、つけるとしてもごく薄味にします。

与えてはいけないもの

人間には問題がなくても、犬に与えると害になるものがある。特に注意したいのが、ハンバーグや味噌汁などに入っているタマネギ、長ネギなどのネギ類。ネギ類には、犬の赤血球を溶かす作用があり、これらを多量に食べると、中毒をおこし、血尿や下痢、嘔吐といった症状を引きおこすことがある。消化不良や嘔吐の原因になるタコやイカ、塩分が強い加工品、肥満や歯槽膿漏の原因になる甘い菓子類も避ける。鶏や魚の骨は、先がとがっているため内臓を傷つける恐れがある。手作り食の場合は、以上の食品を避けて作ること

◆ネギ類
タマネギ、長ネギ、ニンニク、ニラなど

◆魚介類
タコ、イカ、エビ、貝など

◆刺激物
トウガラシ、ワサビ、コショウ、カラシ、カレーなど

◆硬い骨
鶏の骨、魚の骨など

◆菓子類
チョコレート、ケーキ、キャンディー、せんべいなど

◆加工品
ハム、ソーセージ、ベーコン、かまぼこ、こんにゃくなど

◆そのほか
シイタケ、タケノコ、ピーナッツなど

◆飲み物
水や犬用ミルク以外のもの

幼年期 30日→90日

幼年期の成長と予防接種

離乳が終わり、めざましい成長に目を見張る時期。柴犬ならではの愛らしさが芽生えてくるのもこのころです。寝ている耳が立つ時期は個体差があります。遅い犬は3か月でも耳が寝ていることがありますが、いずれは、立派な立ち耳になるでしょう。生後50日を過ぎるころには、元気よく走ったり飛び跳ねたりします。同時に、感情表現もだんだんと豊かになります。トイレやハウス、食事など、基本となるしつけをしましょう。

また、生後30〜90日ぐらいの間は社会化期（P74参照）といい、もっとも環境に興味を持ち、順応性が高い時期。人や環境などさまざまなものによく慣らすことで、人との絆を築き、よい性格をつくります。いろいろなものに興味を示す時期ですから、いたずらすると危険なものは遠ざけましょう。

50日を過ぎると母犬から受け継いだ免疫抗体は徐々になくなります。病気に対する抵抗力が弱まるので、まだ外に出してはいけません。おそろしい感染症（P114参照）を防ぐ混合ワクチン接種は、生後6〜8週に1回目、その3〜4週後に2回目を受けます。子犬によっては3回以上必要な場合もあります。詳しくは獣医師に聞いてみましょう。ワクチン接種後、2週間くらいたつと抗体ができます。このころ（生後約3か月半）になったら、外に連れ出してもOKです。

その後の混合ワクチン接種は、年1回になります。また、生後90日を過ぎたら、狂犬病予防接種を受ける義務もあります。混合ワクチンと合わせた予防接種プログラムを獣医師と相談して立てましょう。

離乳食から子犬用フードへ

生後35日くらいになったら、離乳食から子犬（成長期）用のドッグフードへ切り換えていきます。

ただし、移行するときはあくまでも慎重に。やわらかい離乳食から、いきなりかみごたえのあるドッグフードに変更すると、おなかをこわし、便が硬くなった

生後36日の柴犬

り、下痢をすることもあります。最初はそれまでのものを3、新しいものを1の割合で与え、次は半々、そして1対3というように、1週間くらいかけて進めていくとよいでしょう。その後、食事内容を変更する場合も同様です。

生後50～60日くらいには、硬いドライフードも食べられるようになりますが、これだけで栄養補給するにはまだ早いので、やわらかいフードを少し混合したり、犬用ミルクをかけて与えます。生後70日ごろには、移行完了となるようにしたいものです。

ドライフードがまだ食べにくいようならお湯や犬用ミルクをかけてふやかして与える

栄養価の高い食事をバランスよく

犬は生後6か月くらいで、体の基本となる骨格が形成されます。ですから、この間の食事はとても大切。成長中の子犬には、成犬の約2倍のカロリーと、人間の4倍のカルシウム、タンパク質が必要です。

栄養の偏りはさまざまな病気のもと。子犬には、栄養価の高い食事をバランスよく与えましょう。手作り食よりも、栄養バランスにすぐれた子犬（成長期）用のドッグフードを。一緒に新鮮な水も与えます。

人間用の牛乳は水分が多く、下痢をしやすいので、ミルクを与えるのなら、母犬の乳に近い犬用ミルクにします。

食事の回数

子犬のころは胃が小さく、消化機能も発達していないので、一度にたくさんの量は食べられません。1回の量を少なくして、回数多く与えましょう。1日4回（朝、昼、夕、夜）が目安です。量は4回とも同じでOK。そのときの食べぐあいや食べ残し、排便の回数、便の様子を見ながら、量を調節するといいでしょう。目安としては、便がやわらかいときは量が多い、硬いときは量が少ないと判断することができます。

排便の回数が頻繁で、やわらかく下痢気味のときは、半日くらい食事を抜いて、おなかの調子を戻すとよいでしょう。

食事内容の変更

食事の内容をかえるときは、今まで与えていたものに、新しいものを混ぜ、徐々に割合を増やしていく。1週間くらいかけるとよい

大事な睡眠

生後30日前後の子犬は、驚くほどよく眠ります。睡眠時間は1日約20時間。つまり、食事と遊び以外は、ほとんど眠っていることになります。「寝る子は育つ」というのは、子犬も同様。あまり長時間遊ばせたり、眠っているときにじゃまをしないようにしましょう。

ちなみに成犬になっても、昼寝などを含めれば、睡眠時間は人間よりも長いようです。

寝ているときはそっとしておこう

健康管理と運動

家の中をトコトコと走ったり、ものによじ上ったりするようになったら、ボール遊びや軽いかけっこもOK。日当たりのいい部屋や庭で、日光浴を兼ねて一緒に遊んであげましょう。

はじめは転がしたボールを追いかけさせたり、少し離れた距離から呼んだりすることからはじめます。ただし、まだ骨や関節がしっかりしていませんから、激しい運動は禁物。特にフローリングの床は滑りやすいので注意が必要です。

散歩はワクチン接種が済んで、獣医師の許可が下りてから。それ以前の外出は、抱いて、地面に下ろさないようにします。外に出たら、ほかの犬の排泄物や病気を持った犬に近寄らないよう注意しましょう。抵抗力が弱い子犬は、病気に感染する確率がまだ高いからです。

また骨格もデリケートなので、抱き方（P42参照）には注意を。前足を引っぱって抱き上げたり、おなかを圧迫するような抱き方は、子犬には負担がかかります。痛かったり苦しい思いをすると、人に触られるのをいやがる犬になり、その後の手入れや予防接種などのときにも苦

労します。特に子どもが抱くときは、大人がしっかりついていてあげてください。

冬期の保温

生まれたばかりの子犬は、体温が低く、しかもまだ自分で体温調節することができません。ですから、冬期は保温器具などを使って、体を温めてあげる必要があります。春先や秋口も朝晩は冷えますから、季節にとらわれずその日の気温によってマメに温度を調節しましょう。ハウスに毛布をかぶせるのも有効です。

保温器具には、電気あんか、電気毛布、湯たんぽなどがあります。温度の上げすぎはもちろん、長時間の使用による低温やけどにも注意しましょう。

ハウス内の温度の目安は、生後4～5週間なら20℃くらい、5週間をすぎたら15～20℃くらいが適当です。

湯たんぽは厚い布でしっかりくるんで、子犬から少し離れた場所に置きます。電気あんかや電気毛布は、コードをかじらないよう要注意。コードが保護されているペットヒーターも市販されています。

手入れ

子犬のうちは、ブラッシングだけで十分。シャンプーの必要はありません。汚れがひどい場合はシャンプーしますが、終わったらタオルとドライヤーを使い、よく乾かしてあげましょう。

また、このころから少しずつブラッシングやつめ切り、耳掃除、歯みがきなどに慣らしていきます。ブラッシングのときは、子犬をひざに抱き、やさしく言葉をかけながら行います。手入れの時間ははじめは短く、犬の反応を見ながら徐々にのばしていきます。

子犬の時期に気をつけること
◆抱いていて落とす
◆危険なものを飲み込む
ゴクン
◆うっかりふんでしまう
◆階段からすべり落ちる
◆病気の犬や不潔なものにふれる

少年期

90日→6か月

しつけ開始の少年期

体力もつき、感情表現も豊かになり、いろいろなことを覚えます。犬の一生のうちで、心身ともにもっとも成長する時期です。食事やトイレ以外のしつけにも適した時期で、リーダーシップをとるための訓練（P76参照）も開始します。「犬のしつけは6か月で決まる」といわれています。飼い主はしっかりとしたリーダーシップを発揮しましょう。

生後90日以上たった犬は、それから30日以内に畜犬登録（P44参照）をしなければなりません。そのときには、狂犬病予防接種の「注射済証明書」が必要です。

なお、5～6か月ごろは、体の先天的な異常があらわれる時期でもあります。体の各部や動きに異常はないかチェックしましょう。

食事の与え方

3か月ごろになると体型が細くなりますが、体の基礎をつくる重要な時期です。この時期に丈夫な体をつくっておくと、生涯病気にかかりにくい体質になるといわれています。

食事は朝と昼、夕方の1日3回か、夜を加えた4回。栄養バランスからいうと、ドライタイプのドッグフードが最適です。ウェットタイプや手作り食を混ぜてもいいのですが、犬によってはおいしいものだけを選んで食べるようになります。この時期に偏食のくせをつけないよう注意しましょう。

梅雨の時期は食べ物がいたみやすいので、残り物はすぐに片づけます。フードの酸化を防ぐため小袋のものを購入する手もあります。暑い季節は食欲も減退しがち。しかし、便が普通で元気があれば心配することはありません。ただし、水はいつも新鮮なものを十分に与えます。便通をよくするには、食物繊維が多いふかしイモ（サツマイモ）がおすすめです。

歯の生えかわり

生後3か月ごろから乳歯が抜け、永久歯が生えはじめます。6か月ごろまでに乳歯がすべて抜けていなければならないのですが、乳歯が抜けずに永久歯が並んで生えてしまうことがあります。きちんと生

永久歯と乳歯が並んで生えている。不正咬合などの原因になるので乳歯を抜く

えかわっているか入念にチェックしてください。残っている乳歯があると、永久歯の歯並びが悪くなったり、食べ物のカスがたまって歯周炎の原因になりますから、その場合は、動物病院で抜歯してもらいましょう。

ハウスの注意点

室内犬の場合、この時期は寒さへの抵抗力もついてくるころなので、保温については幼年期ほど神経質になる必要はありません。夏は、扇風機やエアコンの風が直接ハウスに当たらないよう、注意してください。犬は人間よりも暑がりですが、エアコンのききすぎは犬の体にもよくありません。

屋外飼育をする場合、生後3、4か月ごろから外の犬舎に移動しましょう。屋外にいる時間を徐々にのばして慣れさせるようにします。

5月ごろは、ノミやダニが活動を開始する時期。犬舎を消毒し、フィラリア症のもとになる夏の蚊対策として、網戸を張ったり、蚊とり線香なども用意します。夏は犬舎の位置を涼しいところに移動し

かじるの大好き

ハウスは清潔にし、いつの季節でも快適に過ごせるように

歯の生えかわり時期の対策

生後7、8か月ごろまでは、歯の生えかわりのむずがゆさや好奇心から、いろいろなものをかむ。いずれはおさまるので心配はいらないが、ものすごい破壊力で大切なものを壊したり、危険なものを食べてしまうことも。次のような対策を立てよう

◆ものを片づける
とにかく「すべてのものを口に入れる」と思っていい。飲み込めるような小さいものは、犬が届かないところに片づけよう

◆ハウスやサークルを活用
留守番時、目を離すときは、ハウスやサークルに入れるのがいちばん安全。ハウストレーニング（P84参照）をしておこう

◆スプレーをかける
にがい味のするスプレーがペットショップで市販されているので、大切な家具などにスプレーするのもよい。ただし、効き目のない犬も

◆代わりのものを与える
いけないものをかんでいたら、「ダメ」と制して取り上げる。代わりにかんでも壊れないおもちゃや固いガムなどを与える

たり、日除けを立てるなどの工夫も。気温30度、湿度50%を超えるような日は要注意。高温多湿で換気が悪いような環境は、犬を熱射病にしてしまいます。

一方、冬は暖かいところへ移動し、風や雨、雪が入り込まないようにすきまをふさぎます。夜間だけ玄関に犬を入れてもいいでしょう。

初めての散歩と運動

予防接種プログラムが済むまでは、外出するときは犬を抱き、地面に下ろさないようにします。予防接種が済み、生後3か月半ごろ、獣医師の許可が下りたら散歩もOK。まずは、首輪とリードに慣れさせましょう。そして、外のさまざまな音や人、よその犬に慣れさせることからはじめます。

憶病なタイプだったら歩くことを怖がったり、好奇心旺盛なタイプだったらあっちこっちに引っぱったり、最初は散歩

よその人にも触ってもらおう

「スワレ」などを教えていく

首輪・リードの慣らし方

1 首輪を見せて、においをかがせ、言葉をかけながらつける。いやがらずにつけさせたらおやつを与え、なでてほめる

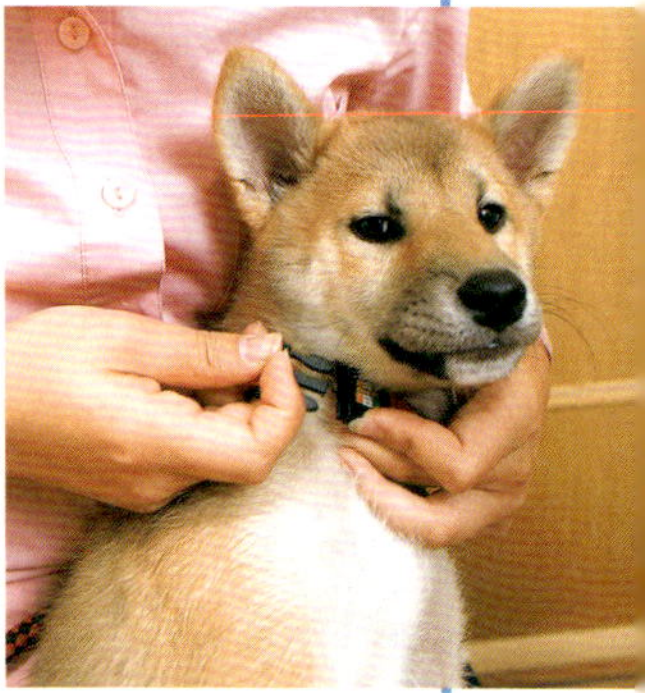

2 首輪に慣れたら、リードをたるませてつける。おやつやおもちゃで誘って、たどりついたらほめる

＊しばらくリボンをつけて生活させ、慣れさせるという方法もよい

もたいへんです。少しずつ距離をのばし、スタスタと歩けるようになったら、駆けてみたり、飼い主の横について歩く「リーダーウォーク」や、「スワレ」「マテ」（P77、80、82参照）なども教えていきます。犬は散歩を通じて犬の社会のおきてや、人間社会でのルールを覚えていきます。他人に迷惑をかけないよう、きちんとしたしつけをする必要があります。

散歩の時間は、15～20分間ぐらいでOK。しかし犬の体力には個体差がありますから、犬の様子を見て適度な量の運動をさせるといいでしょう。

手入れ

そろそろ、被毛も生え揃うころです。毎日のブラッシングで、毛づやをよくし、ノミやダニを防ぎましょう。ブラッシングをいやがっても、大人しくさせて根気よく続けましょう。これもしつけのひとつです。特に春、秋といった毛が抜けかわる季節は、いつもより念入りに全身をブラッシングします。柴犬は下毛が密に生えているので、毛を手で持ち上げるようにして、地肌までブラシが通るようにしましょう。

5～6か月になって汚れが目立つときは、暖かい日を選んでシャンプーしましょう。洗ったあとの体はタオルで水気を拭きとったあとに、ドライヤーでよく乾かし、ブラシやコームで整えます。

夏の散歩と車での外出は要注意

◆アスファルトにこもる熱に注意

犬は暑さに弱い。夏の散歩は朝、夕の涼しい時間に行おう。ただし、日が落ちても、アスファルトにはかなりの熱が残っている。犬は地面に近いところにいるため、輻射熱で熱射病になったり、パッドをやけどすることもある。地面を触って熱が残っていないか確認したり、土と日陰のある散歩コースを選ぶなどの配慮が必要

◆車に犬を放置するのは厳禁

犬を車に乗せて出かける場合、春から秋にかけては、ぜったいに犬を車内に置いていかないこと。特に夏の日中は車内の温度が急上昇し、短い時間でも、中にいる犬が熱射病をおこし、場合によっては死に至ることも。車を降りるときは、犬も必ず一緒に外に連れ出す。また、飲み水を用意していくことも忘れずに

Mini column

愛犬を撮る

寝姿、ヨチヨチ歩き、元気に走り回る様子など、子犬のしぐさや表情はとってもキュート。犬の成長は早く、あっという間に成犬になります。子犬のころの写真をたくさん撮っておきたいですね。

撮影のポイントは、ピントを鼻ではなく目に合わせることです。また、普段よく遊ぶおもちゃなどを使うのも手。遊びに夢中になっている顔など、イキイキとした表情をとらえることができます。

目がストロボで光って写るのを防ぐためには、明るい室内や天気のいい戸外で撮影するようにしてください。高感度のフィルムを使うと、あまり明るくなくてもストロボなしで撮影できます。

柴犬の特徴

骨格のしっかりしたバランスのよい体で、筋肉も発達している。小型犬ながら弱々しさはなく、ピンと立った耳や目尻の上がった目が、りりしさを感じさせる。被毛は「赤」と呼ばれる茶色が約8割と多いが、ほかに「黒」と「胡麻」の柴犬もいる

胴体

背はまっすぐで、おなかはよく引き締まっている

後半身

腰は幅広く力強い

尾

太く、力強い。巻き尾が多い。または背中にのびる鎌状の差し尾。長さは、下におろすと先端が飛節（人間のかかとにあたる）に届くぐらい。太くふさふさして、裏側の毛は白っぽい

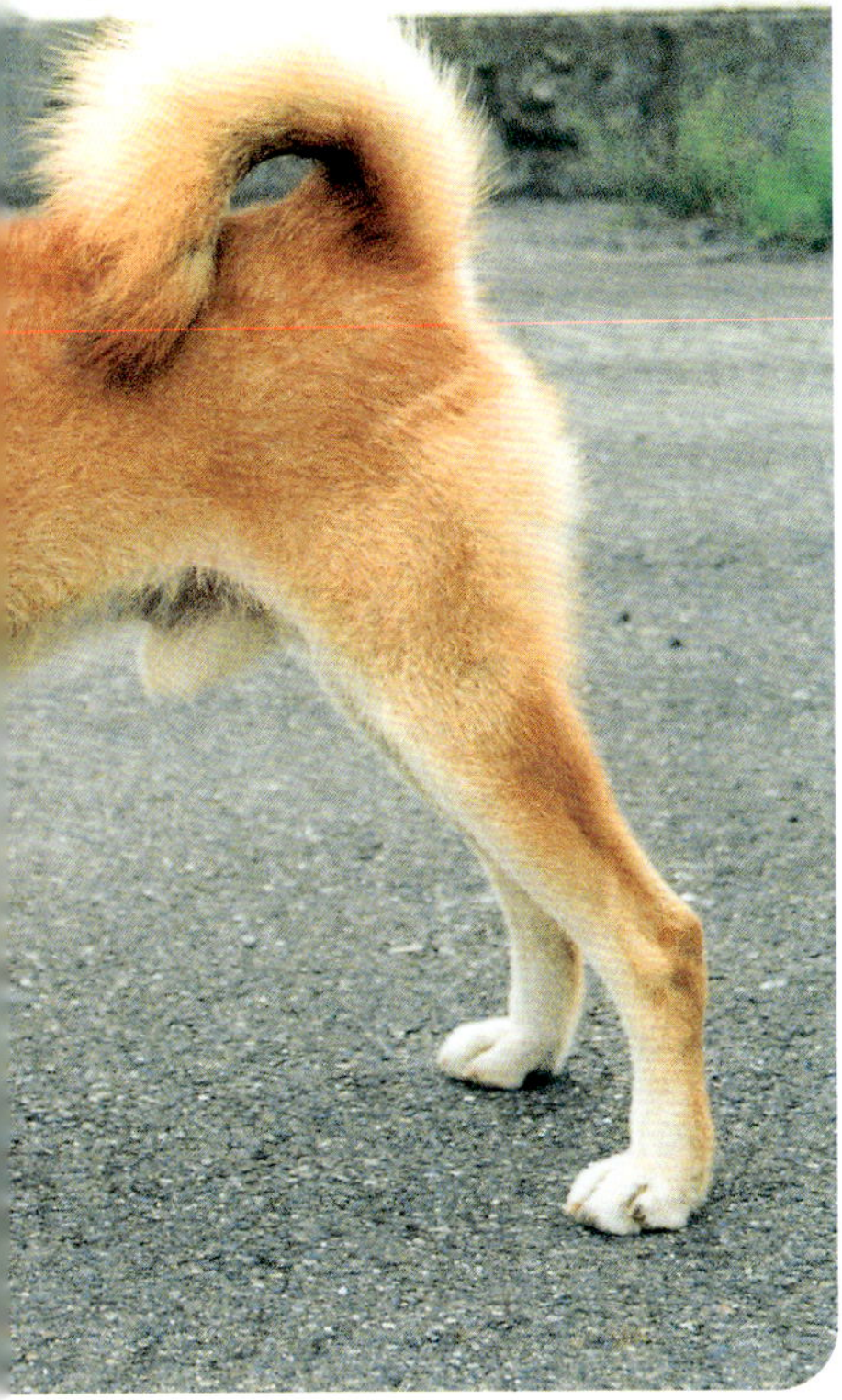

後足

腰と同じ幅で接地し、指・つめは堅く握っている。大腿部の筋肉が発達し、力強い

被毛

赤、黒、胡麻の3種類がある。上毛と下毛があるダブルコートで、上毛は硬い直毛。下毛は柔らかく密生した綿毛。あごの下、胸の下などが白っぽい「裏白」が特徴

サイズ

体重／オス8～10kg、メス7～8kg
体高／オス38～41cm、メス35～38cm

頭部

額は平らで広い。ストップ（両目の間のくぼみ）はなだらかだが、はっきりとしている

口

下あごが厚く、口吻（こうふん）は丸みがある。口角やのどは引き締まっている

鼻

まっすぐな鼻筋。鼻は黒く、湿っていてつやがある

首

太くてたくましい

耳

三角形の立ち耳。小さめで、やや前傾している

目

やや奥目で、形は三角形。目尻は上がっている。瞳は濃い茶褐色

前足

前足は体と同じ幅で接地している。肘は胴体側に引き付け、指・つめは堅く握っている

青年期 6か月→1年6か月 と 成犬 1年6か月→8年

青年期から成犬へ

1歳を迎えた柴犬は、体の大きさは成犬並み。しかし、体の各部が成熟するには、まだ時間が必要です。1年6か月を過ぎれば、もうりっぱな成犬。2歳を過ぎると体は完成し、堂々たる風格を感じさせるようになります。被毛や歯も美しく、犬にとっても人生でもっとも充実した時期といえます。この輝かしいときを健康で元気に送れるよう、1年に1度の健康診断をおすすめします。

7か月ごろの柴犬

メスの発情がはじまる

メスの最初の発情は、平均7～10か月ごろ（P126参照）。発情期（交配可能な状態）は年2回の周期でくるのが普通で、発情に入る7～10日前に外陰部から出血します。量は個体差があり、まれに無出血の犬もいます。血をなめてしまうため、飼い主が気づかない場合も。発情期を迎えたメスは妊娠可能ですが、初めての発情期での交配はさけましょう。

なお、発情したメスは周囲のオスにストレスを与え、オス同士のけんかの原因になることもあります。散歩の時間をずらすなどの配慮が必要です。

一方、オスは特定の発情はなく、成犬になればいつでも繁殖可能です。

肥満にならない食事管理を

6～10か月ごろまでは体格形成の大事な時期です。食事の回数は、6か月を過ぎたら1日2、3回、8か月を過ぎたら朝夕の2回に。犬がもう少しほしいという顔をしても、腹八分目をキープします。暑い季節で、食があまり進まないようなときは、犬用ミルクや水をかけて食べやすくするといいでしょう。新鮮な水もたっぷり用意してあげてください。

成犬になって気をつけることは肥満。成長が止まり、子犬のころほど運動しなくなると、太る犬も出てきます。食事やおやつの管理をしっかりして、十分に運動かせましょう。肥満は関節などに負担をかけ、さまざまな病気の原因にもなります。食事管理は飼い主がしっかり行わなければなりません。

カルシウムが多い牛骨や犬用ガムをかじることは、歯やあごの発達、歯石予防、ストレス解消にも効果がありますから、ときどき与えるようにしたいものです。

成犬がかかりやすい病気

柴犬がかかりやすい病気というのは特にありませんが、皮膚病には気をつけましょう。散歩の途中で不潔なものに接触させないことや、シャンプー、耳や足の手入れなど、常に体を清潔に保つことは、皮膚病だけでなく、さまざまな病気予防の基本となります。また、肥満やフィラリア症などにも気をつけましょう。

屋外で適度な運動を

柴犬は屋外運動が大好き。広い運動場に連れ出すと、人がついていけないほど活発に走り回ります。天気のいい日には、日光浴も兼ねて屋外に連れて行きたいもの。特に室内飼いの犬には、屋外での楽しさを味あわせてあげましょう。

歩くだけでなく、ときにはロングリードを付けて広い場所で思う存分走らせたり、ボール遊びなどを取り入れます。散歩は1日1時間以上がベター。ジョギング程度の速さの引き運動をしたり、体ができあがれば、自転車での引き運動もOKです。また、もともと狩猟犬だった柴犬は山歩きも大好き。ときにはハイキングに連れて行ってあげたいものです。

歩くだけでなく、ボール遊びなども取り入れよう

柴犬は日本の気候に適応していますが、夏期の日中の運動や散歩は避けましょう（P63参照）。また冬は、飼い主のほうがおっくうになりがちですが、日光浴を兼ねての散歩は丈夫な体を維持するためにも必要です。

手入れ

散歩中にぬれたり、土がついたりして被毛が汚れたら、タオルで体を拭き、ブラッシングで整えましょう。春と秋は換毛のシーズンですから、特にこまめにブラッシングを行います。またシャンプーをすると換毛がスムーズになります。

普段のシャンプーは汚れたり、においが出てきたら行います。1か月に1度くらいを目安にしましょう。

老犬 8年↓

FOOD

老化のはじまり

柴犬の平均寿命はほかの犬種にくらべて長いほうです。ドッグフードや医学の進歩のため、かなり長寿の犬も珍しくありません。とはいえ、人間にくらべ一生が短いぶん老化も早く、8年ごろから徐々にはじまります。老化の進行は個体差がありますが、年老いても充実した毎日を過ごせるよう、それまで以上に犬の健康や生活に気を配る必要があります。

9歳の柴犬

老犬の食事

年をとると内臓が徐々に衰え、消化吸収のはたらきが低下します。やわらかく消化しやすい、高タンパク低カロリーの食事へと、しだいにかえていきましょう。また、運動不足や内臓機能の低下による便秘を防ぐため、食物繊維の多いものを与えるようにします。

食事はシニア用のドッグフードが便利ですが、手作りの食事を与えるときは、脂肪、塩分、糖質を控えめに。硬い食材は細かく切り、よく煮込みます。

初老犬と老犬では食事の内容も量も違

犬の老化現象

- 耳が遠くなる
- 目の水晶体が濁り、灰色がかってくる
- 目やに、耳あかがつきやすくなる
- 歯石がたまりやすく、口臭がきつくなる
- 被毛につやがなくなり、薄くなる。においもつよくなる
- 口や耳のまわりの被毛が白っぽくなる
- 筋肉が衰え、体つきが弱々しくなる
- 動作が鈍くなる
- 寝ていることが多い

ってきます。歯が抜けてきたら、ドライタイプのフードはお湯でふやかしてから与えるといいでしょう。食欲が落ちてきたら、回数を増やすなどの工夫が必要です。一方、運動量が減ったわりに食欲が落ちない犬も多いので、カロリーオーバーにはくれぐれも注意しましょう。肥満は心肺機能などに悪影響をおよぼします。

老犬がかかりやすい病気

消化機能や循環機能の低下とともに、感染症などに対する抵抗力が落ちます。10年を過ぎたら、1年に2度ぐらい健康診断をすることをおすすめします。老犬がかかりやすい病気には、白内障、肝機能障害、糖尿病、心臓病、ケンネルコーフ、腫瘍（ガン）、椎間板ヘルニアなどがあります。また、さびしい思いをさせないための心のケアも必要。抱いて外出したり、よく話しかけてあげるような気配りをしてあげましょう。

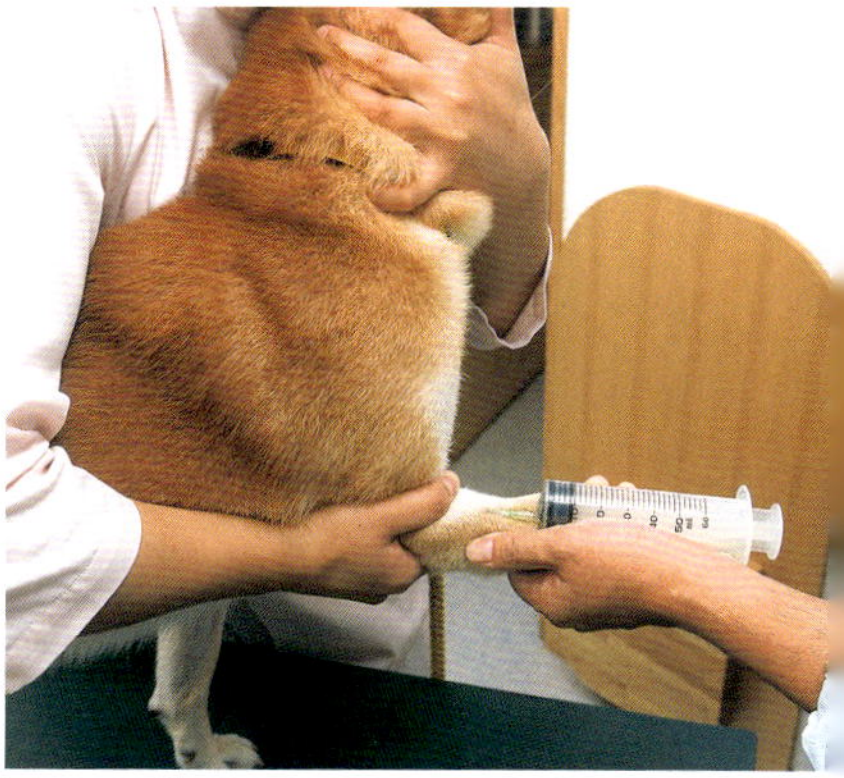

健康診断の基本は血液検査。これによって、体のさまざまなことがわかる

健康管理

老犬は体調を維持することが第一。適度な運動は必要ですが、体力を消耗しない程度にとどめます。あまり動きたがらないようなら、無理に散歩に連れ出す必要はありません。夏の散歩は涼しい朝のうちに行くこと。

加齢により歯や目が弱くなり、皮膚病にもかかりやすくなります。また、やわらかいものを食べるため、歯石もつきやすくなります。マメな歯石除去で歯周炎の予防を。歯がグラグラしていたら獣医師と相談し、必要なら抜歯します。犬は食べ物をあまりかまずに食べるので、歯の数が減ってもそれほど不自由しません。

ハウスを居心地よく

老犬になると、自分の寝場所が一番居心地のいい場所になります。ハウスは常に清潔に保ち、いつでもゆっくり休めるようにしておきます。また、老犬は暑さ寒さに弱くなり、夏と冬は体調をくずしがち。いつも快適に過ごせるように配慮しましょう。屋外で飼育していた犬も、老犬になったら室内飼育にしてあげたいものです。

環境を急激に変えないこと。落ち着いて休めるように気配りする

柴ギャラリー
3

第4章

しつけのハウツー

しつけの基本

快適に暮らすために

しつけとは、犬と人がお互い気持ちよく暮らせるようマナーを教え、さまざまなものに慣らしていくこと。食事やトイレのマナー、人に飛びつかない、かまない、物を壊さない、呼んだら来る、むだ吠えしないなどといったことを、犬が自然にできるようにします。また、「スワレ」「マテ」などの命令や指示に従うようにさせる（服従させる）のです。

そうすることで普段の犬との生活が快適になり、公園への散歩や旅行など一緒に楽しく過ごせる時間も増えるのです。よその人から叱られることもありません。

柴犬はすべての人や犬と仲良くするというタイプではありませんし、性格の強さがゆえにがんこな一面もあります。そのためしつけには根気がいりますが、子犬のころから真剣に取り組めば必ず応えてくれます。

飼い主がリーダー

群れ社会で生活する習性を受け継ぐ犬は、人間の家族を群れとみなして自分の順位をつけます。そして、リーダーには服従し、下位の者には力を誇示します。リーダーがいないと、自分がリーダーになろうとしたり（権勢本能）、順位がわからず不安になったりします。ですから、上手にしつけるコツは、犬に主従関係をはっきり認識させることです。

犬に命令するのはかわいそうなどという人もいますが、犬には権勢本能と同時

しつけるうえでのよい抱き方、よくない抱き方

○ 人の体に対し仰向けにして抱くことがベスト

× 人のほうに向けると、犬は人にのっかっていると思い、さらに肩に手をかけると人を見下ろすことになり、自分のほうが上位であると思ってしまう

に服従本能も備わっています。飼い主を強く頼もしいリーダーとして認めれば、犬は命令に喜んで従い、人間社会に順応し、ストレスを感じずに生きていけるのです。

甘やかしたり、いいかげんなしつけをして、犬をリーダーにしてしまうと、散歩で自分の行きたいほうへ引っぱる、来客を侵入者とみなして攻撃するなどの行動をとります。とはいえ、人間社会の中で完全に自由にしていることは不可能です。そこで、ストレスを引きおこし、問題行動があらわれたり、寿命を縮めることにもつながるのです。

柴犬の飼い主のなかには、「お父さんの言うことしかきかない」「家族にもかみつく」といった悩みを抱えている人もいます。内に強さを秘めた柴犬には、人間がリーダーシップをとるためのしつけが特に大切だといえるでしょう（P76～83参照）。

しつけのときの注意ポイント

◆犬のペースに合わせた生活をしない
なんでも人が優先、犬は後回しにする。きげんをとったり、わがままをきいたりして甘やかさない

◆まとわりついてきても無視する
遊びたがっているときにいつも相手をすると、自分の思いどおりになると考えてしまう。遊びは飼い主から始め、飼い主が終わらせる

◆犬の習性・本能、気持ちを正しく理解する
人に服従しているときはストレスがかからない。かわいそうだから自由にさせようという考えは、結局犬にストレスを与える

◆家族全員でしつける
たとえば、お父さんが犬にとってのリーダーとなっても、犬が2番目で、お母さんや子どもが3番以下になってしまってはいけない。しつけは家族全員で行い、たとえ子どもであっても、犬に対して毅然とした態度で接する

◆気分で対応を変えない
そのときの気分で犬の言いなりになったり、犬に甘えた態度をとったり、犬に従属的な対応をしていると、そのうち言うことをきかなくなる。常に安定した態度で接する

◆飼い主が頼もしいリーダーとして行動する
犬のボス意識を育てさせないため、どんなときにも人が主導権をとる
❶散歩のときは犬に前を歩かせない、❷玄関から外に出るときは人が先、❸廊下や通路などに寝そべってじゃまなときはどかせる、❹人の座るイスやソファー、ベッドには上げない、など

◆ふざけてじゃれさせない
じゃれながら手などをだんだん強くかむ、衣服をくわえて引っぱるなどの行為は相手を支配しようとするサインなのでやめさせる

◆一緒に食事をしない
犬の社会では、リーダーが食べ終わるまで、ほかの者は待つ習性がある。家族が食事中のときは欲しがっても与えない

しつけをはじめる時期

しつけは飼いはじめた日からすぐに開始。基本的なことは、生後6か月ぐらいまでに覚えさせるようにしましょう。

特に、生後1～3か月は社会化期といい、順応性が高い時期。この期間に経験したことは強く印象として残りますから、家族全員が愛情を持って接し、いろいろな体験をさせて、人や犬、環境などに慣れさせるようにします。この時期のしつけが不十分で社会性が身についていないと、臆病になったり、警戒心が強すぎたり、神経過敏な犬になってしまいます。

なお、しつけは成犬になってからでも可能ですが、多少時間はかかります。

できたときのごほうびとほめ方

犬のしつけは、ほめることが基本です。はじめは少量のごほうびを使った方法（オペラント訓練技法）で訓練しましょう。できるようになってくれれば、ほめるだけで言うことをきくようになります。うまくできたときには、目を見て「よしよし」「いい子」などと声をかけながらなでてほめます。

喜んでいることをしっかり伝えるのがポイントですが、あまりオーバーにほめると犬が慢心し、人をばかにするようになりますから気をつけてください。

子犬の社会化期（生後約1～3か月）

生後1～3か月ぐらいの期間を社会化期といい、犬がもっとも環境に興味を持ち、順応性も高い時期。人との絆、信頼関係を築きやすい性格を作るための大切な時期でもある

◆飼い主がよく触る

P78～79を参考に、最初は犬が喜ぶ場所から。しだいに苦手な場所（足先など）を触られてもいやがらないように、よく触って慣れさせていく

◆知らない人に触ってもらう

知らない人を怖がったり、攻撃したりしない犬にするために、家族以外の人にも会わせ、ふれたり抱いたりしてもらう

◆屋外の環境に慣れさせる

抱いて外に連れて行き、町の様子や車の音など、さまざまな環境に慣れさせる（予防接種プログラムが終わるまでは地面に下ろさない）

上手なほめ方、注意の仕方

ほめ方

◆言葉をかけながら、なでてあげる

言うことをきいたりうまくできたらオーバーにならない程度にほめ、満足感を与えよう（ただし、犬がほめられてうれしいのは、飼い主がリーダーシップを発揮している場合に限る）

うまくできたときは、「よしよし」「いい子」などと言葉をかけ、犬の顔を飼い主に向けさせて目を合わせ、なでてほめる

注意の仕方

◆タイミングよく注意する

注意するときは、タイミングを逃さないことが重要。たとえば、いたずらをしたところを見つかり、すりよってきたところで叱ってしまうと、いたずらではなく人に近づいたことを叱られたと勘違いしてしまう

◆「イケナイ」「ダメ」と一言。くどくど注意しない

否定する言葉は、一度だけ、厳しい顔つきで低い声を出して言う（ただし、飼い主がリーダーシップを発揮している場合にのみ有効）。体罰は人への不信感を与えてしまうので厳禁。犬から見えないように大きな音を立てるものを投げるなど、「天罰」が下ったと思わせるような方法で不快感を与えるのもいい。うるさく怒鳴るのは、よけいに犬を興奮させるだけなのでやめる

◆下あごを押さえ込む

あまがみをしたときなどは、仰向けにして、下あごを押さえ込む

◆リードを引き、首にショックを与える

◆いたずらをした場合などは、犬を無視することも効果的

オペラント訓練技法

ごほうびのおやつを与えることにより、自主的に犬の服従行動をおこさせる訓練方法。ごほうびのおやつは、犬が好むドライフードやジャーキー、チーズなど小さなものがいい

1 手に持ったおやつを見せ、においをかがせる

2 おやつを非常に欲しがった時点で、少しだけ与える

3 もっと欲しがったところで、犬の注意力を人に集中させて訓練をはじめる

リーダーシップをとるためのしつけ法

しつけをはじめよう

お互いの幸せな生活のためには、犬に「飼い主は頼もしいリーダー」だと認識させ、安心して人に従えるようにすることが重要です。

まずマスターしてほしいのが、「リーダーウォーク」「ホールドスチール」「タッチング」の3つです。これらのしつけの方法は、人間への信頼感をはぐくみ、従順な犬に育てるためにたいへん効果があります。

これに加え、ごほうびを利用するオペラント訓練技法（P75参照）による基本の服従訓練（P80～83参照）で服従本能を発達させます。

誰からも好かれるよい犬に育てるために、これらのしつけと訓練は飼い主だけでなく、家族みんなで行ってください。いずれも子犬を飼いはじめたらなるべく早く行いましょう。

また、これらの方法は成犬にも効果があります。犬がわがままになってきたときや攻撃的になってきたときにも行うとよいでしょう。

ただし、ホールドスチールとタッチングは、極度に攻撃的な犬の場合は、かみつかれる危険があるのでやめてください。

三原則

楽しく　できたらよくほめる、怒鳴ったり、たたいたりしない

短時間で　集中力が大事。短時間で回数をこなす

根気よく　できなくてもすぐにあきらめない

Mini column　リードの役割

リード（引きひも）は犬をつないでおくための単なるひもではありません。しつけや訓練にかかすことができない大切なものです。リードは犬に意思を伝えるために、人の手の役割を果たします。犬はリードから伝わってくる力の強弱、ゆるみなどから、飼い主の意思を読み取るのです。飼い主はリードを上手に使って犬をコントロールできるようにしましょう。

リードにはさまざまな種類がありますが、訓練や散歩に使う場合には、ナイロン製や布製、革製がよいでしょう。

リーダーウォーク

人間がリーダーシップをとるためのもっとも基本的なしつけ法。飼い主が犬に引っぱられながら歩く姿をよく見かけますが、それは犬をリーダー扱いしているのと同じこと。犬が人に従って歩く（リーダーウォーク）という姿を当たり前のようにしたいものです。この方法は子犬だけでなく成犬にもたいへん効果があります。あきらめずに、マスターしましょう。

1 リードをたるませて持ち、犬を左側にして歩き出す

2 犬が前に出ようとしたらクルリと向きをかえて違う方向へ歩く

3 犬が前に出るたびに方向をかえて歩くことを繰り返し行う

4 犬が自分からついてくるようになり、人が止まれば犬も止まるようになったら、よくほめる

POINT

★犬と目を合わせず、黙ってさっそうと歩く
★リードは張らないように

ホールドスチール

リーダーである人間に犬が安心して体を預けられるようにするための方法です。はじめはじっとしていられないかもしれませんが、黙って抱きしめ静止させます。静かにできたら必ずほめてあげましょう。マズル（口吻＝鼻口部）を自由にコントロールできるようになり、自然とあなたに体を預けるようになったら成功。気長に何度もやってみましょう。

1 ひざの間に犬を入れ、両手でゆっくりと抱きよせる。いやがってもしっかり抱きしめる

2 犬が落ち着いたらその体勢のまま、片手で下から包み込むように犬のマズルを持ち、ゆっくりと上下左右に向かせる

3 何度か繰り返し、犬が素直に従うようになったら徐々に解放する

◆いやがってあばれるとき
マズルを持ち、体を密着させて抱きしめ、静止させる

POINT

★叱らずに、黙ってゆったりと落ち着いて行うこと
★途中でやめない、終わりにパッと放さないこと

タッチング

ホールドスチールができるようになったら、このタッチングへとステップを進めます。これは、人に触られても平気な犬にするための方法です。体や、耳、足先、しっぽなど先端の神経が敏感な部分を触ることによって、人間にふれられても、平気だということを理解させます。これができるようになれば手入れがしやすく、動物病院に行っても安心です。

1 まず、ホールドスチールの体勢をとり、ゆっくりとフセの体勢にする。子犬の場合は人が両足を伸ばし、ひざの上で行ってもよい

2 フセの体勢から、横向きや仰向けにして、体をゆっくりとやさしくなでていく。特に足先、耳、鼻、しっぽ、そけい部はていねいに

◆仰向けにならないとき
犬の奥のほうの前足を押さえ、もう一方の手でねじって倒す

3 終わりは再びフセの体勢にして、ゆっくりとホールドスチールの体勢に戻し、よくほめる

POINT

★各段階で静かにできたらほめる
★暴れても叱らず、無言で抱きしめ、落ち着かせてから行うこと

スワレ・フセのトレーニング

スワレ

服従訓練のなかで、もっとも基本的なものは「スワレ（オスワリなど）」。犬を落ち着かせる姿勢です。訓練はリードを使って行います。

1 左手にリード、右手にごほうびのおやつを持ち、犬と向かい合う

2 右手に持ったおやつを犬の鼻先に上のほうから差し出す（犬が自然に座りたくなる位置に）。座りかける瞬間に「スワレ」と声をかける。座らないときは、1からもう一度

3 犬が完全に座ったらすぐにごほうびを与える

4 何度か繰り返し、座るようになったら、おやつを与えるタイミングを遅らせていく

◆繰り返し練習するには
犬を動かすために、少し歩いたら立ち止まり、犬が座ったらおやつを与えることを繰り返す

• POINT •

★座らないからと、手で犬のお尻を押さない
★座る前に「スワレ」と言わないこと
★「スワレ」と声をかけるのは一度だけ、何度も言わない

フセ

フセをさせることは、犬の服従心を高めるために効果的。フセには3つのパターンがあります。最初は「スワレ」からの「フセ」、次は立った状態からの「フセ」、最後に歩いているときに「フセ」ができるように練習しましょう。

1 犬を座らせ、手の中のおやつを見せる

2 その手を地面につけるように下げると、自然に「フセ」の体勢に

◆フセの体勢にならない場合
犬の前に片足を出してトンネルをつくる。手の中のおやつを見せ、その手を追わせてくぐらせる。フセたらおやつを与えほめる。慣れたら、フセの体勢に入ったときに「フセ」と声をかける

3 ふせたら、おやつを与えてほめる。慣れたら、フセの動作に入ったときに「フセ」と声をかける

POINT

★「フセ」がなかなかできなくてもトンネルの方法で根気よく行う
★フセの体勢ができるようになってから「フセ」と声をかける

マテ・コイのトレーニング

マテ

飼い主の許しが出るまで、動かずに待つことを教えます。これができれば人に飛びつこうとしたり、危険なところに近づこうとしたときなどに止めることができます。命令に従ったときは、犬のところまで戻り、ほめます。

1 ごほうびのおやつを持ち、犬を座らせる

2 犬が動こうとしたら、おやつを差し出して食べさせる

3 1のスワレの体勢に戻り、犬から1、2歩後ろに下がる。また犬が動く寸前に犬に近づきおやつを与える。これを繰り返す

4 犬が待てるようになったら、「マテ」の声をかける。少しずつ距離を広げて行う

POINT

★待っていればいいことがあると理解させる
★犬が動いてしまってやり直すときは、もとの位置に戻ってはじめる
★できる前に「マテ」を強調すると、ひとりにされる印象がつくので気をつける

コイ

いつ、どんなときにでも、飼い主に呼ばれたら、飛んでくるようにしつける訓練です。犬は服従していない相手に呼ばれても来ません。訓練は呼ばれるのが楽しみになるように、できたらよくほめて、ごほうびのおやつを与えましょう。

1 ごほうびのおやつを持ち、「スワレ」「マテ」を命じ、犬と向かい合う

2 おやつを見せ、「コイ」と呼びながら犬から2、3歩下がる

3 犬がついてきたら、座らせておやつを与える。これを繰り返す

4 長いリードなどを使い、徐々に距離をのばしていく。できたときはよくほめて、おやつを与える。うまくできるようになったら、リードを使わず距離を伸ばして訓練する

POINT

★できない場合は犬を知らない場所に連れて行き、飼い主だけが頼りという状態で行ってみる
★完全にできるようになるまでリードを離さないこと

ハウス・モッテコイを教える

ハウス

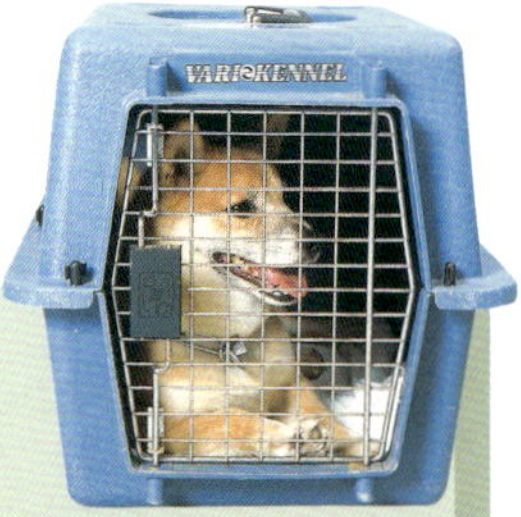

ハウスは快適な安息の場所にしてあげましょう。ハウスに入る習慣をつけておくと、留守番時、来客時、車に乗せるとき、入院のときなどに安心でき、また犬にとっても慣れておけば、そういった場面でストレスをためることもなくなります。

1 まずハウスの中におやつを入れ、犬を誘導

2 犬が入ったら入り口におやつを置いて与える。そして、出ようとする前におやつを与える

3 出ようとしなくなったら扉を閉める

4 繰り返し練習し、犬が自ら入るようになたら「ハウス」と声をかける

POINT

★ハウスの中に入っているといいことがあると思わせる
★ハウスはよいイメージに。罰として入れない

モッテコイ

しつけのバリエーション、「モッテコイ」をマスターさせれば、ボール投げなどができ、遊びが充実します。また、ものを持ってこさせることもできるようになるかもしれません。その場合はまず、ものの名前を覚えさせましょう。

1 まずはおもちゃに興味を持たせるために遊ぶ

2 おもちゃを投げ、くわえて戻ってきたらほめる。戻ってこないときは犬がくわえたらリードを引っぱる

3 おやつと引換えにおもちゃを取り、ほめる

◆くわえない場合
口を開けてくわえさせて、よくほめる。これを繰り返し、くわえるようになってから教える

4 できるようになったら、投げるときに「モッテコイ」と声をかける

POINT

★はじめは犬の好きなおもちゃを使って訓練する
★持っていけば楽しいことがあると思わせる

トイレのしつけ

トイレのしつけは初日から

トイレのしつけは子犬を迎えた日からはじめます。犬を迎える前にトイレを設置しておきましょう。個体差はありますが、柴犬は清潔好きなのでトイレのしつけはらくなほうです。子犬のうちは体の機能が未熟で排泄のコントロールもうまくいかないので、気長にしつけましょう。

室内で放し飼いにすると、トイレのしつけはむずかしくなります。ハウスを用意して、ハウスから犬を出す→トイレに連れて行く→排泄させるという順番を習慣づけるのが、覚えやすい方法です。子犬のうちは出す回数を多くします。

子犬の排泄のタイミング

子犬は1日に何回も排泄するので、こまめにトイレへ連れて行く。床のにおいをかいだり、ソワソワしたときもトイレへ

- 目が覚めたあと
- 水を多めに飲んだあと
- 食事のあと
- 遊んだり、動いたりしたあと

トイレのつくり方と置き場所

トイレは、市販のトイレなどプラスチックの浅いトレーに、ペットシーツを敷くのが一般的。新聞紙を使うときは数枚重ね、下にビニールを敷くとよいでしょう。トイレをサークルで囲み、排泄が終わってから出すという方法なら、失敗さ

粗相をしたときは叱らず、素早く片づける

粗相をしても叱らない

子犬はなぜ叱られているかわからない。排泄する＝叱られると覚えてしまうと、がまんしたり、隠れて排泄するようになることも

➡

素早く片づける

無視して、さっさと拭き取ることがポイント

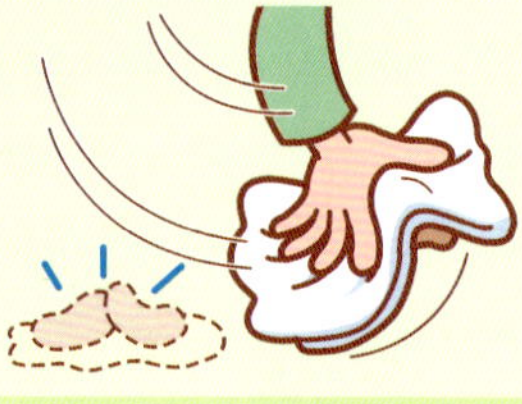

➡

原因を取り除く

粗相をさせないためにも、放し飼いにしない。粗相の原因（残っているにおいなど）を消し去ることも大切

せずに覚えさせることができます。

トイレははじめからハウスのそばに置かず、離しておきましょう。後始末しやすい洗面所や浴室などに移す場合は、徐々に行います。

ペットシーツ上のフンは、ティッシュでとれる場合は取り、少量の尿でも汚れたところではなかなかしないので、できるだけ清潔にしておきます。清潔にすることはノミや寄生虫予防にもなります。

トイレと散歩は結びつけない

成犬になると排泄は1日1、2回になります。散歩での排泄を習慣づけると、外でしか排泄しない犬になってしまいます。悪天候時の散歩は避けたいということであれば、トイレをすませてから散歩という習慣をつけましょう。

また、散歩時にはビニール袋、ティッシュなどを必ず持参し、フンを持ち帰るのがマナーです。

トイレのしつけ方

1 サークルなどで囲んだトイレを準備する。新聞紙やペットシーツは清潔に保つこと

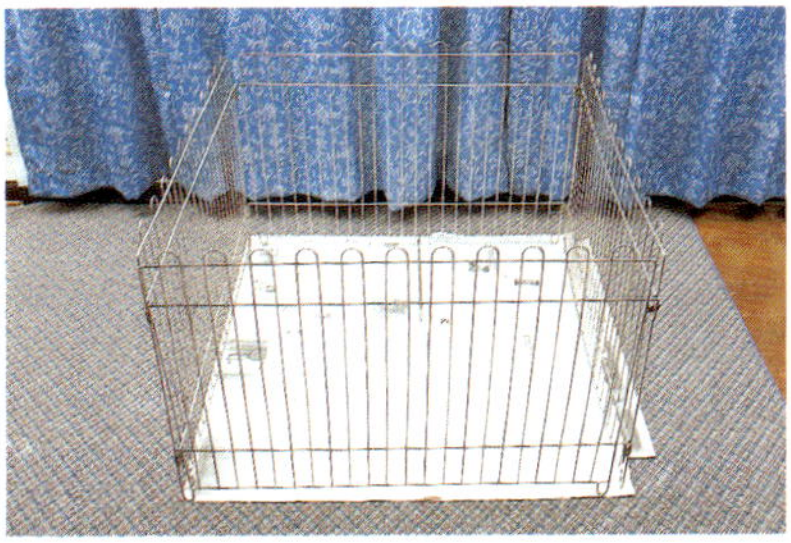

2 犬をハウスから出してトイレへ。排泄が終わるまで出さないようにする。尿のにおいのついた紙を少し残しておくと、スムーズに排泄する場合もある

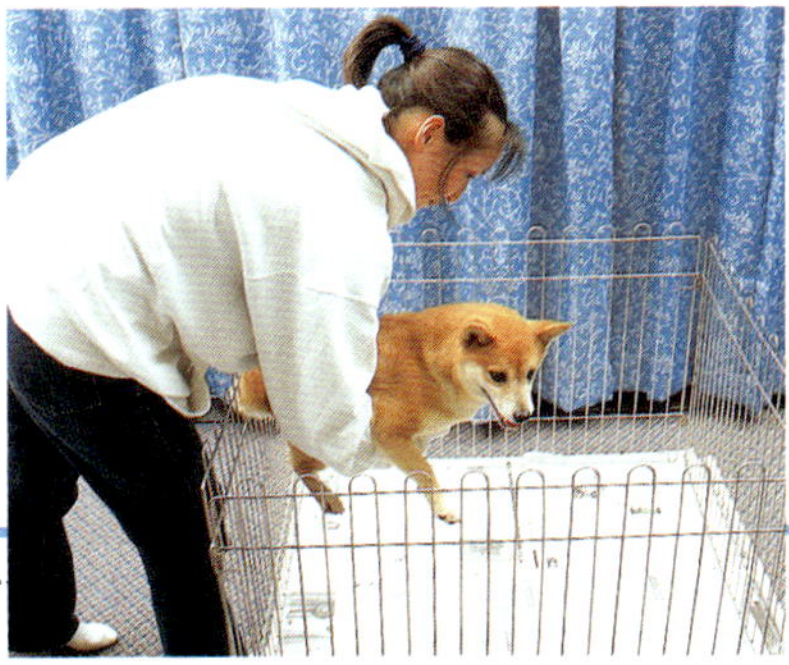

3 排泄しはじめたら、やさしく「オシッコ」「トイレ」などと声をかける。それまでは、無言。排泄したあとは、なでてほめる

4 これをしばらく続けていき、習慣をつけてから、今度はトイレに出したときに「オシッコ」「トイレ」などと声をかける

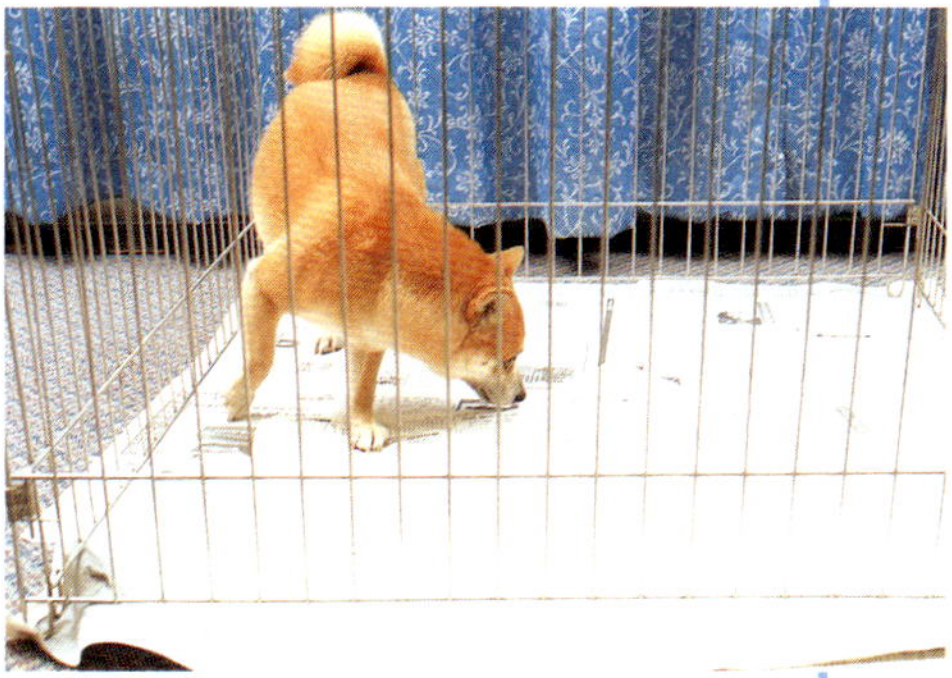

POINT

★「ここでトイレをすると飼い主がとても喜ぶ」と思わせる

★ハウスから出たらトイレという習慣をつける

食事のしつけ

食事の与え方

食事は犬に、待つこと、がまんすること、礼儀正しくすることを教える絶好のチャンスです。しつけはしっかり行いましょう。きちんとしつけないと、際限なく食べ物をねだったり、偏食をしたり、遊び食いをしたり、拾い食いをしたりなどの問題がおこってきます。

特に、家族が食事中に一口だけと与えるのはやめましょう。もらい癖がつくと、もらえるまでしつこくまとわりついたり、お皿から勝手に盗み食いをしたりするようになります。来客時などに困りますし、犬の健康にもよくありません。

また、毎日決まった時間に与えていると、犬が時間を覚えて催促するようにな

食事の基本とルール

専用の食器で食べさせる

犬専用に食事用と水飲み用の食器を用意し、毎回同じ食器で与える

適量を与える

成長過程などに応じて適切な量があるので、ドッグフードのパッケージに記載されている量を目安に与える

遊び食いをさせない

食事の途中に遊んだり、どこかへ行ったりする場合は、食器を片づける

偏食させない

与えたものを食べないからと、好きなものばかり与えたり、人間の食べ物を与えたりしない

人の食事のあとに与える

飼い主（リーダー）が先に食べ、その後、犬の食事。必ず「ヨシ」という許可を得ないと食べられないということを教える

落ち着ける場所で与える

ハウスの中など犬が落ち着ける場所で与える。食事中は声をかけたりしないで、食べることに専念させる

ります。催促に応じていると犬に権勢欲がでて、主従関係がくずれることも。少し時間をずらしたり、待たせるなどして、飼い主が主導権をにぎりましょう。

食事のしつけ

犬の社会では、リーダーが先に食べ、リーダーの許可があってから下位の者は食べることができます。ですから、まず飼い主が先に食事するのを見せておき、その後、犬に与えるようにすると服従心が高まります。

そして食事を与える前に「スワレ」「マテ」「ヨシ」のしつけを行い、飼い主の許可がでてから食べる習慣をつけましょう。犬が待つことを覚えるのは、主従関係を徹底させるのにとても役立ちます。食事中は食べることに専念させ、気をそらしたり、なにかを命じたりしないようにしましょう。

食事のしつけ

食事の前の訓練として、「スワレ」「マテ」「ヨシ」をさせてから与える

1 食事を持って犬の前に立ち、「スワレ」と命じる

2 犬が座ったら、食事を犬の前に置く。「マテ」と命じて数秒間待たせる。うまくいかないときは、食器を取り上げ、1からやり直す

3 待てるようになったら、「ヨシ」と声をかけ食べる許可を与える

散歩のしつけ

散歩とは

野生の犬たちの群れは獲物を探し狩りをするために移動します。飼い犬にとってもリードを付け散歩に出かけるということは、群れの移動に近いものがあり、散歩中なにかと興奮することがあります。飼い主と一緒に出かけることは犬にとっての楽しみであり、外の世界やほかの犬、ほかの人との出会いを学び、社交性や協調性を身につけていきます。

また、散歩は、飼い主がリーダーシップを発揮する場でもあります。時間やコースは飼い主が決め、主導権をにぎることが大切です。散歩に行く時間は毎日同じでなくてOK。散歩の時間を決めてしまい、犬に催促されて連れて行くように

散歩に行こう

1

玄関から外に出るときは、「マテ」で犬をいったん制止。必ず飼い主が先に外へ出て、それから犬を呼んで出させる

2

道路に出るときは、「マテ」で犬が飛び出さないようにし、飼い主が先に歩き出す

なると犬の権勢欲がでます。ですから、しばらく待たせてから行く、都合のよいときに出かける、外に出るついでに犬も連れて行く、という考えでよいのです。

横について歩かせる

快適に歩くためには、「飼い主が先、犬は後」という主従関係を保つことが大切。歩くときは飼い主の歩調に合わせ、横に寄り添って歩くリーダーウォーク（P77参照）ができるようにしつけます。

リードの持ち方

右手でも左手でもよく、あまり張らないように持つ。犬が急に強く引いたり走ったりしたら、両手でしっかり持ち、コントロールする

3 散歩はリーダーウォーク（P77参照）が基本

4 ほかの犬やほかの人と出会い、吠えたりにおいをかぎに近寄ったときは、座らせて制御する

5 犬は拾い食いが好き。食中毒や感染症、口の中のけがなどの原因になるので、リードをしゃくってやめさせる

6 フンは、飼い主が責任を持って持ち帰る

飼い主のマナー

世の中にいるのは犬好きな人ばかりではありません。犬が苦手な人、こわい人、アレルギーのある人…。一歩外に出れば、いろいろな人に出会います。マナーを守って犬との快適ライフを楽しみましょう

散歩の基本スタイルと気をつけること

必ずリードをつける。リードは張らないようにし、飼い主に寄り添って歩くリーダーウォークを基本に

ほかの犬とすれ違っても、落ち着いていられるようにしつける。吠えたり、近づこうとして引っぱったりしたら、座らせて制御する

犬好きな人ばかりとは限らない。勝手に人に近づいていかないように、リードを使ってよくコントロールする

排泄物処理グッズ（ビニール袋・ティッシュなど）を携帯。フンは必ず持ち帰る。夜、散歩をする場合は、排泄物をきちんと処理するために懐中電灯も持ち歩こう

犬が急に引っぱったりしたときに制御できるよう、動きやすい服やすべりにくい靴を

マナーを守ろう！

公園でリードをはずすと…

ほとんどの公園で犬のノーリードは禁止です。公園は、子どもやお年寄りなどさまざまな人が利用しています。自由になって大喜びの犬は、花壇の中を走り回ったり、犬の苦手な人に近づいたりといった予想外の行動をとるかもしれません。飼い主は迷惑をかけないように犬をコントロールすること。飼い主のマナー違反で「犬立入禁止」の公園を増やさないようにしましょう。

においや吠え声に無神経では…

飼い主はあまり気にならなくても、犬のにおいと吠え声はたいへん近所迷惑です。特に住宅密集地や、マンションなどではにおいが気になってきます。犬のトイレはいつも清潔にしておき、近所ににおいが届かないところに置きましょう。よく吠える犬を門の内側で放し飼いにしたり、玄関先につないでおくのもタブー。あまり吠えるときは、警戒心を高める環境になっていないか、ストレスがたまっていないか振り返ることも必要です。

知人宅や犬同伴可能な施設を訪ねるときは…

犬と一緒に知人を訪ねるときは、先方から許可をもらうまで犬は玄関で待たせておくのがマナー。室内犬だからといって、当然のように部屋に入れないこと。室内におじゃまするときは、抜け毛対策にTシャツを着せたり、タオルなどを持参してその上に座らせるとよいでしょう。

また、犬同伴可能な飲食店やホテルなどの施設で歓迎されるのは、「飼い主の足元に座り、長時間静かに待つ」ことができる犬。飼い主がマナーを守り、愛犬をきちんとしつければ、同伴可能な場所が増えていくことでしょう。

困ったケースの対処法

主従関係がくずれると

柴犬は賢いといわれますが、それは、しつけが簡単ということではありません。賢い犬ほど、自分にとって何が都合がいいか考えたり、どこまで自分の要求を通せるか飼い主を試したりなどということもやってのけるのです。

しつけ途中の子犬は、叱らずに、まずは人間がリーダーシップをとることが大切。そして人間社会の環境に早いうちから慣らします。しつけが済んでいるのに、声による制御がきかず、問題行動がおこるようであれば、主従関係を見直しましょう。「イケナイ」「ダメ」などの注意や、「スワレ」「マテ」などの命令を聞き流すようだったら、基本にかえって人間がリーダーシップをとることからはじめます。ただし、体罰は逆効果。犬のしつけはほめるのが基本です。たたくなどの暴力行為で無理やり言うことをきかせると、ひねくれた性格になってしまいます。

また、問題行動にはさまざまな原因が考えられます。やみくもに叱るだけでは、問題を悪化させる場合もあるので、犬をしっかり観察して原因を見極めることも大切です。

かみ癖

子犬のころ、じゃれて軽くかんでくる（あまがみ）のを「うちの子は痛いようにはかまない」と放っておいた結果、かみ癖がついてしまうことがよくある。柴犬が訓練所に預けられる理由のほとんどは、かみ癖。子犬のうちにやめさせないと、自分の力を示すために本気でかむ、飼い主の手に負えない犬になってしまう

対処法 かみ癖は成犬になる前に直さないとたいへん危険。かみ癖のある犬は、自分が強いと思っているので、その自信を徹底的にくずし、飼い主のほうが強いことを教えなければならない。ただし、手を出すと危険な場合は専門家に相談を。しつけの基本は、子犬のころのあまがみを許さないこと。かんでもいいものといけないものの区別を徹底すること。

子犬が手などをかんできたら、仰向けにし下あごのほうから口吻部を抑え込む(P75参照)。子犬のうちからリーダーウォークやホールドスチール、タッチング(P77～79参照)を十分に施すことが大切

飛びつく

うれしいときの愛情表現で飛びついてくる犬はかわいいもの。一方、犬は相手に対する優位性を示すために飛びつくこともある。理由はなんであれ、他人の服を汚したり、犬嫌いの人に飛びついたり、子どもに飛びついてけがをさせてはたいへん。飛びつき癖がつかないようしつけよう

対処法 飛びつこうとしたら、抵抗したりしないで犬の行動にまったく反応せず、完全に無視する。犬に話しかけたり、目線を合わせたりしないこと。近くに壁があれば、壁のほうを向いて無視し続ける。はじめはあきらめるまでに時間がかかるが、じっとしていること。何度も繰り返して、飛びつかなくなれば、スワレをさせてなでる。飛びつかなくても人が相手をしてくれることを教える

リードを引っぱる、座り込む

自由に歩くわがままを覚えてしまった犬や、飼い主との主従関係がくずれた犬は、散歩の主導権を自分でとろうとする。座り込み動こうとしない犬は、外の世界に恐怖心を持っている（環境恐怖症）か、飼い主と一緒に歩きたくないという自己主張

対処法 犬に妥協しないこと。リードは余分な部分を手に巻きつけて持ち、片手を添えて、いつでも犬の勝手な行動を制止できるようにする。そして飼い主に信頼をよせ、自己主張させないようにするために、リーダーウォーク（P77参照）のトレーニングを行う。自然に飼い主についてくる犬にする。環境恐怖症の場合は、ゆっくり外に出し、パニックになって走り出さないように十分注意しながら、まわりの景色に慣れるまで、そばについている。家のまわりや交通量の少ないところを歩き、少しずつ慣らしていくのがコツ。散歩が楽しいこと、飼い主がいればこわくないことを教える

うるさく吠える

いろいろな原因があるが、おもに次のようなパターンがある。❶訪問者や知らない人に対して攻撃的に吠える、❷不満や要求があると吠えて訴える、❸臆病な性格で神経過敏から吠える、❹特定の人・状況に遭遇すると吠えるなど。吠え癖の原因は、縄張り意識や犬のいる環境の問題、しつけの失敗によるもの。まず、愛犬の吠え癖がどのパターンなのか、冷静に観察し判断する

対処法 ❶と❷は自分がリーダーだと思っているので、しつけのし直しが必要。たとえば、室内なら読み終わった週刊誌などを手近なところに置いておき、直接あたらないように投げる。飼い主が投げたことを感づかれないように、間接的に犬に不快感を与え、吠えるといやなことがおこると思わせるとよい。なお❷は、生活にメリハリをつけ、十分に運動させることが改善につながる場合もある。❸は居場所を落ち着いた場所に移すなど、環境によるストレスを取り除く。また、散歩に連れ出し、社会環境や騒音などさまざまなものに徐々に慣らす。❹は以前にそれに対していやな印象が記憶として残っていると考えられる。飼い主が犬をコントロールできない場合は、❶や❷と同様に知らん顔して音のするものを近くに投げてやめさせる

留守中に室内を荒らす

物を壊す、落とす、かじってボロボロにするなど、飼い主の外出中に行う破損行為は、まわりに誰もいないことへの不安やさびしさが原因。飼い主とべったりの生活で依存心の強い犬になってしまった場合におきやすい。破損行為をしたあとで怒っても効果はないので、少しずつ「１匹でいること」に慣らしていくことが大切

対処法 「行ってくるよ。いい子でね」「ただいま」といった言葉をかけるのは、飼い主の不在を強調させるのでやめる。さりげなく家を出て、いつのまにか戻ってきている状態を意識してつくる。はじめは2、3分ほどで戻ってくることからはじめ、徐々に時間を伸ばしていく。留守番の前に十分に散歩をして疲れさせてから、この方法をとるほうが効果的。なお、子犬のころからハウスに慣れさせ、留守番はハウスでさせるほうが、不安は少ない

自分のフンを食べる

犬が自分のフンを食べるのは、飼い主との接触が少ない、自分が隔離されているという分離不安、または好奇心や栄養不足、フンを食べれば人が注目してくれるから、ドッグフードのにおいが残っていたなどさまざまな理由が考えられる。

フンには寄生虫の卵や伝染病の菌などが入っていることもあり、危険なのでやめさせる

対処法 食フンの瞬間に叱るか、フンをすぐに片づけて、食べる機会を与えない。ドッグフードを変えるだけで解決することもある。ハウスから出したらトイレ、食事を与えたらトイレと排泄管理をきちんとすることが大切

トイレ以外の場所で排泄する

きちんとしつけはできているのに、トイレ以外の場所で排泄してしまうことがある。これも犬が１匹でいるとき、その不安からおこすことが多い。また、なかにはオスが縄張りを主張してマーキングすることもある

対処法 まずは、犬に見られないように、すぐにそうじをして、排泄した場所のにおいを完全に消し去る。飼い主が片づけている姿は、犬から見れば「自分がしたことに興味を持ってなにかしている」と映り、自分に注目してくれると思うので注意する。あとは、「留守中に室内を荒らす」の対処と同様に、犬が１匹のときに不安にならないようにする

権勢症候群（アルファーシンドローム）

犬が家族のリーダーは自分だと認識してしまい、飼い主の命令に一切従わず、さまざまな問題行動をおこしてしまう症状を権勢症候群という。要求が受け入れられないと、吠えたり、威嚇するようになり、症状が進むと、本気でかみつくことも。犬もかなりのストレスを受けるので早く対処すること

対処法 飼い主が犬にリーダーとしての対応をしていくことにつきる。飼い主がリーダーシップをとるしつけ（P77～P83参照）のし直しを行い、常に主導権は飼い主がとる。犬の要求には応えず、無視し、すべての行動を飼い主側からおこすことも必要になってくる。ただし、飼い主の手に負えないようなら、けがをするおそれもあるので、専門家に相談を

Mini column プロの訓練を受ける

本格的なしつけをしたい、また、どうしてもしつけがうまくいかないなら、訓練士に依頼するのも一案です。

訓練の方法には、❶預宅訓練…訓練所に一定期間預ける方法、❷出張訓練…自宅へ訓練士に来てもらう方法、❸犬同伴訓練……飼い主が犬と一緒に受ける方法があります。訓練所は、愛犬団体や獣医師に紹介してもらうとよいでしょう。

料金と期間は、訓練の内容により違いますが、預託訓練の場合、１か月約６～10万円で、３か月以上が目安です。

ただし、プロの訓練士に任せて、それですべて安心というのは間違いです。飼い主も同時に犬の扱い方、接し方を学ばなければ、むだになりかねません。訓練士がリーダーになるのではなく、毎日接している飼い主がリーダーになることが重要です。

ごみ箱をあさる

だいたいは好奇心からあさることが多い。おなかがすいていなくても残飯を食べたり、ゴミで遊ぶことがあるのでやめさせる

対処法 ゴミをあさっている現場を見つけたときはすぐにやめさせる。口にくわえたものを素直にはなすように、子犬のころから「出せ」という命令を覚えさせておくとよい。残飯やゴミはこまめに捨てる、ゴミ箱にふたをつける、犬の目の届くところに置かないなど、あさるチャンスを与えないことも大事。また、放し飼いにしないこと

シャンプーをいやがる

子犬の時期に水に慣らす訓練がされなかった、人に触られる経験が少なかったためにあちこち体を触られるのがいや、ということが原因と考えられる。日ごろから犬との接触を多くしておくことが大事

対処法 水に徐々に慣れさせていく。❶水を含ませたタオルで、足元からおなか、胴から背中と順に拭いていく、❷水にひたして絞らないタオルを犬の上に持っていき、水滴をたらしぬらす、❸シャワーの水を足元から胴へとかけていく、の順で行う。子犬のころから水に慣らし、タッチング（P79参照）を施すことが大切

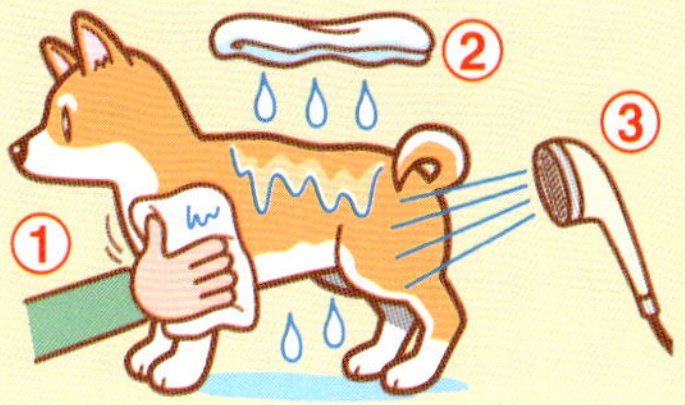

COLUMN

（聴覚障害者を助ける聴導犬）

耳の不自由な人に音の発生源を伝えるのが聴導犬。発祥の地・アメリカではヒアリングドッグと呼ばれ、多くの犬たちが活躍しています。日本での本格的な普及はまだこれからですが、徐々にその存在が社会に受け入れられつつあり、実際に聴導犬として活躍している柴犬もいます。

●さまざまな音の源を聴覚障害者に伝える

電話、目覚まし時計、ドアのノックやチャイムなど、音によって私たちが受け取っている情報は意外に多いものです。音の発生を体に飛びついて教えたり、音が出た場所へ案内したりするのが聴導犬の役目。笛吹きケトルがピーピー鳴る音、赤ちゃんの泣き声など、聞こえないと危険につながる音もあるので、聴導犬の役割は重要なのです。屋外では、車のクラクションや自転車のベルなどを教えてくれます。

●聴導犬の育成と社会的認知が課題

アメリカで聴導犬が開発されたのは1975年のこと。現在、2000頭以上が聴覚障害者のよき伴侶となっています。このほか、イギリス、オーストラリア、日本などで活躍中。

アメリカでは、聴導犬がホテルやレストラン、公共機関へ出入りすることが認められています。耳の不自由な人たちへの聴導犬の貸与は無償で、その費用は個人や企業などからの寄付によってまかなわれているのです。また、聴導犬の育成にはチャリティなどによる資金があてられています。

聴導犬は人間に同伴していろいろな場所へ行くので、家庭犬としてのしつけも合わせて行うことになり、訓練には6～7か月かかります。その費用は、日本では今のところ個人負担が中心。また、法律も整備中なので、建物や乗り物に聴導犬が入れないケースも多いようです。聴導犬が盲導犬並みに認知されてくれば、環境も変わるはず。聴導犬の目印はオレンジ色の首輪やリードで、オレンジ色のガウンを着ているときは仕事中です。もしその姿を見かけたなら、仕事のじゃまをしないように、あたたかく見守ってください。

◎問い合わせ先
聴導犬普及協会事務局
TEL 03-5725-6557
FAX03-5725-6559
（松永動物病院内）

聴導犬Q&A

Q 聴導犬に向いている犬種は？

A 聴導犬は犬種を問いません。アメリカなどでは、収容施設にいる犬の中から適性のある犬を選んで訓練しています

Q 聴導犬の訓練法は？

A 犬につけた2本の長いヒモを2人の人間が操作して訓練します。たとえば、玄関を1人がノックし、室内の人がドアを開けて中に招き入れるまでの動きを、ヒモを引いて犬を移動させ、ごほうびの食べ物を与えてほめることで教えます

Q どんな人が訓練しているの？

A 犬の訓練と、障害者に対する指導を聴導犬訓練士が行います。その資格を得られるのは家庭犬訓練士の公認資格者で、聴導犬の訓練経験が1年以上あることが条件です

第5章

日ごろの手入れ

グルーミング

被毛はいつも清潔に

ブラッシングやコーミングなどで、被毛を清潔で美しい状態に保つことをグルーミングといいます。

グルーミングにはいろいろな効果があります。抜け毛・汚れ・フケ・寄生虫を取り除いて清潔にするほか、適度な刺激が皮膚の新陳代謝を活発にし、皮脂の分泌をうながして毛に健康的なつやを与えます。また、飼い主と犬とのコミュニケーションにもなり、グルーミングによって全身のチェックができるので、皮膚病やけがに気づいてあげられるというメリットもあります。

グルーミングを行うのは、汚れを落とすという意味でも、散歩のあとがいちば

グルーミンググッズ

◆スリッカーブラシ
くの字形の細いピンが植えられたブラシで、柔軟性があり、毛に無理がかかりにくい。下毛（アンダー・コート）の除去にも向いている。ピン先が鋭いので、子犬に使うときは注意が必要。
ソフトタイプのものも市販されている

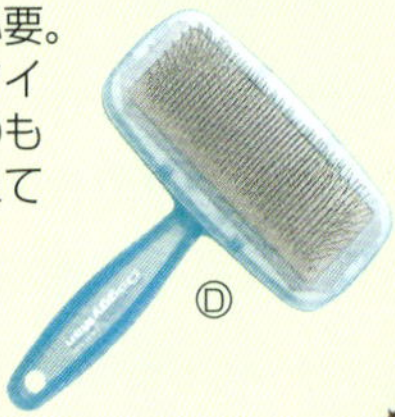
Ⓓ

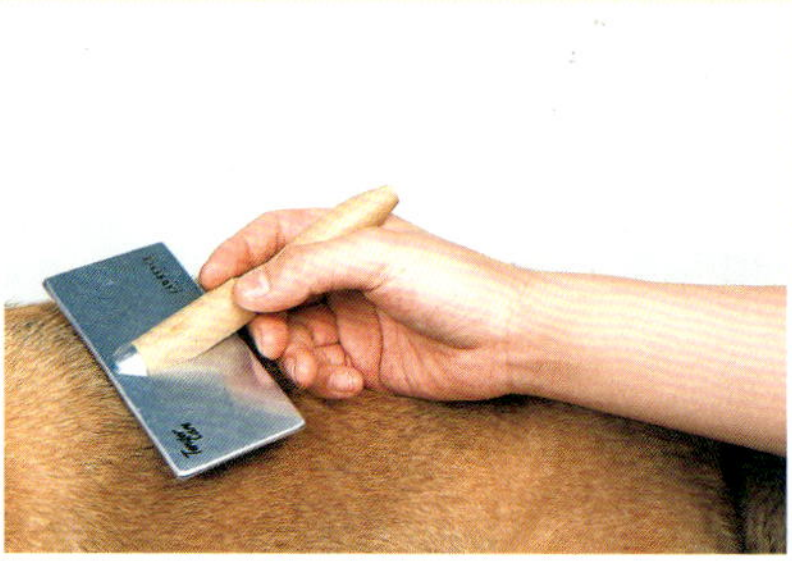

スリッカーブラシは鉛筆を持つように親指と人差し指で軽く持ち、毛並みにそうように動かす。力を入れ過ぎないように注意する

◆獣毛ブラシ
静電気が起きにくく、自然な毛づやがでる。柴犬には短毛種用のものを使ってもよい

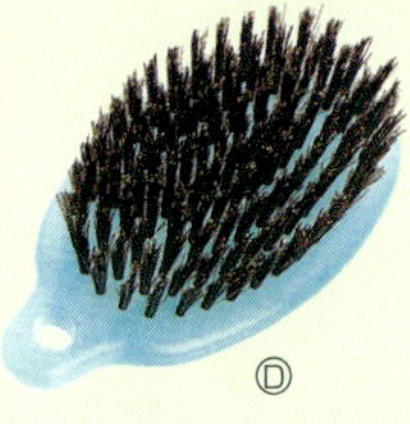
Ⓓ

◆コーム
ステンレスなど金属製のコームがよい。荒目と細目の両方が一本になったものが使いやすい

Ⓓ

◆スクラッチャー
鋤のような形で、換毛期の下毛を取るのに向いている

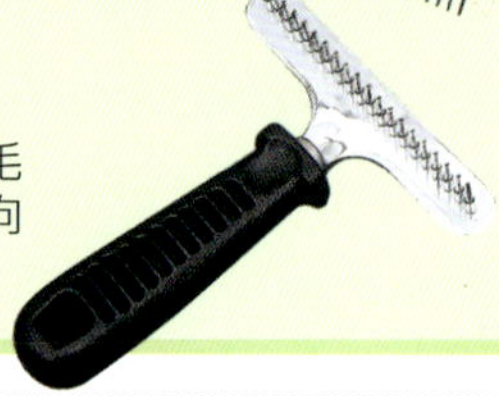

古くなったブラシの使い道

ブラシは消耗品です。スリッカーブラシのようにとがったものは、先端が丸くなってくると、ブラッシングやマッサージの効果も半減してしまいます。

古くなったブラシは、カーペットや車のシートの毛取り用に活用。繊維にからんでいる犬の毛を、意外なほどすんなり取ることができます。

Ⓓドギーマンハヤシ（株）

ん。散歩後の毎日のお手入れとして、ぜひ習慣づけるようにしましょう。

少しずつ慣らせば お手入れも簡単

柴犬の被毛は硬めで短く、しかもまっすぐ。汚れがつきにくく、毛玉もできにくいので、手入れは比較的簡単です。普段は硬めの獣毛ブラシかナイロンブラシ、スリッカーブラシをかけるのが基本。さらに、コームで毛並みを整えたり、余分な毛を取り除いてあげればベストです。力を入れすぎないようにして、ブラシやコームをゆっくりと動かせば、肌を傷つけることはありません。痛い思いをさせると、被毛の手入れをいやがるようになるので気をつけましょう。

子犬のころからブラシをかけて慣らそう

親犬が子犬をなめてあげるのがグルーミングの原点。成長してからも、イヌ科の動物は順位の高いほうが低いほうにグルーミングを行います。つまり、グルーミングは犬に対する「奉仕」ではありません。飼い主と犬の間に主従関係が確立していれば、犬がグルーミングされるのは自然なこと。最初はいやがっていた犬も、やがて安心して身をまかせるようになります。

子犬のうちは体をなでつけるぐらいからはじめ、ブラシやコームに慣らしていきます。時間も少しずつのばし、2か月を過ぎたころから本格的なグルーミングを行いましょう。

換毛期の被毛の手入れ

被毛が冬毛から夏毛、夏毛から冬毛に変わる春と秋の年２回の換毛期は、抜け毛が多い時期。普段よりまめに、コーム、ブラシを使って抜け毛を取り除こう。特に梅雨時に抜け毛を残したままでいると、蒸れて皮膚のトラブルにつながる。

柴犬は、短くて硬い上毛と、密生した綿状の下毛があるダブルコートの犬種。換毛期になると下毛が大量に抜けるので、必要であれば１日に2回、毛をすいてあげたいもの。ブラシやコームで取りきれない下毛を取り除くには、スクラッチャーが効率的。

室内犬の中には、特別な換毛期がなくて年中抜け毛が目立つ犬もいますが、これは温度変化が少ない環境に暮らしているため。毎日のブラッシングで抜け毛を除去してあげよう。

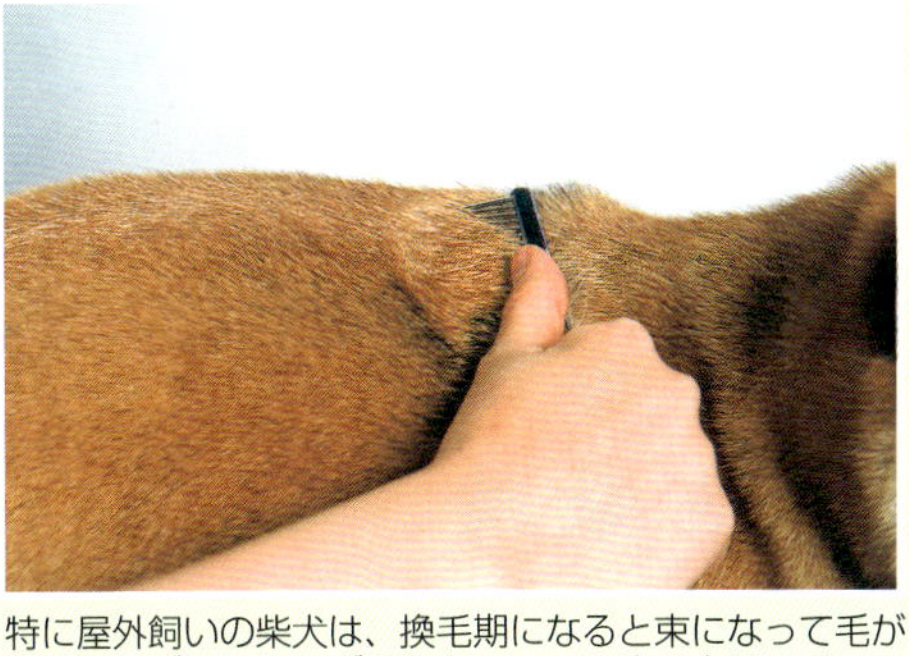
特に屋外飼いの柴犬は、換毛期になると束になって毛が抜ける。ブラッシングのあと、コームやスクラッチャーで下毛を除去しよう

ブラッシングとコーミングの手順

毛が汚れている場合は、最初に蒸しタオルで拭いてきれいにしましょう。ブラシは皮膚に垂直にあて、ゆっくりと動かします。毛の根元から毛先に向かってとかすのが基本です。抜け毛の多い胸やおなか、お尻は毛並みと逆に動かしてから、毛並みにそってとかすと、ゴミやフケが浮いてとれやすくなります。

ブラッシングがすんだらコーミング。毛並みを整え、残っていた抜け毛を取り除きます。コームが引っかかったら無理に引っぱらず、毛先から少しずつときほぐしましょう。

部分トリミングをしよう

柴犬は基本的にトリミングが必要な犬種ではありませんが、足まわりの毛と肛門周辺だけは家庭でカットするとよいでしょう。むずかしければ、ときどき美容室でしてもらいます。たいていの場合、シャンプーと基本的なトリミングがセットになっています。動物病院で行っているところもあります。

なお、はさみを使うときは、犬が突然動くと危険なので十分注意を。犬を台の上にのせると、あまり動かなくなるので、トリミングがしやすくなります。台に慣らすことは、獣医師の診察を受ける際にも役立ちます。

ブラッシング・コーミングの仕方

首➡胸➡えりあし➡肩➡背中➡おなか➡お尻の順にとかす。
スリッカーブラシまたは獣毛ブラシを使い、コームで仕上げる。スリッカーブラシや獣毛ブラシは下毛までしっかり届くように

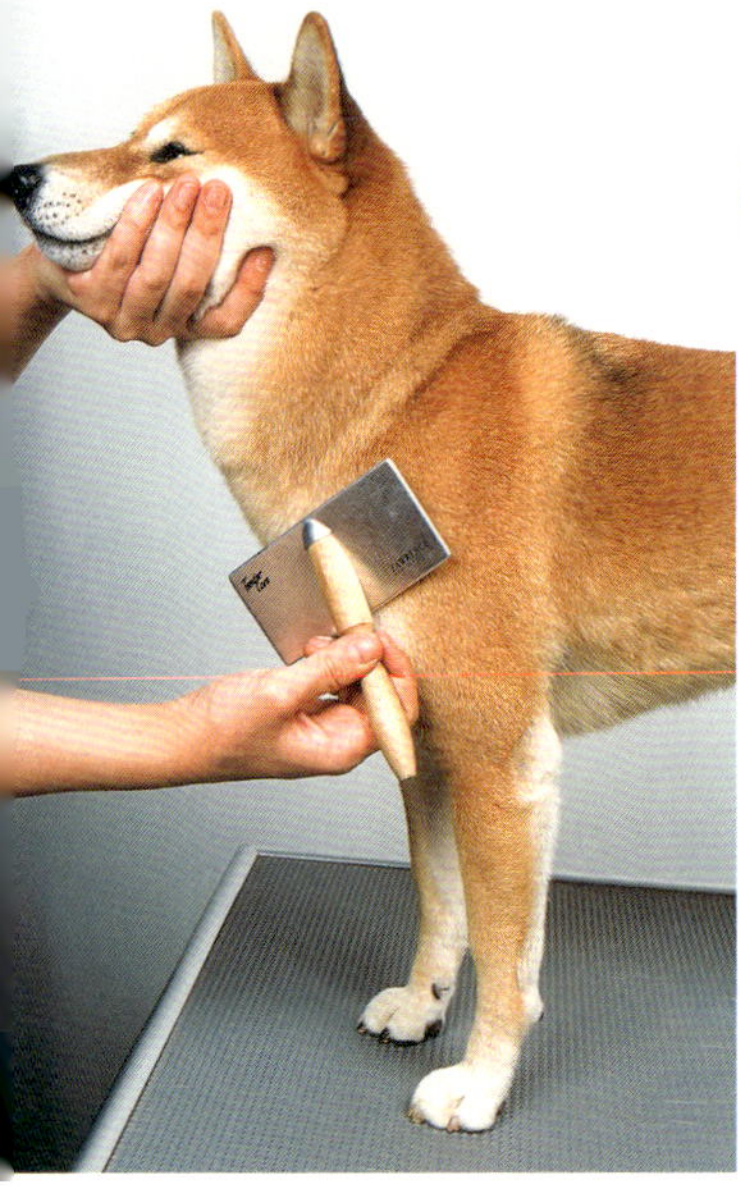

1 首から胸にかけては、口元をおさえて上から下へていねいに

2 えりあしから肩にかけてとかす

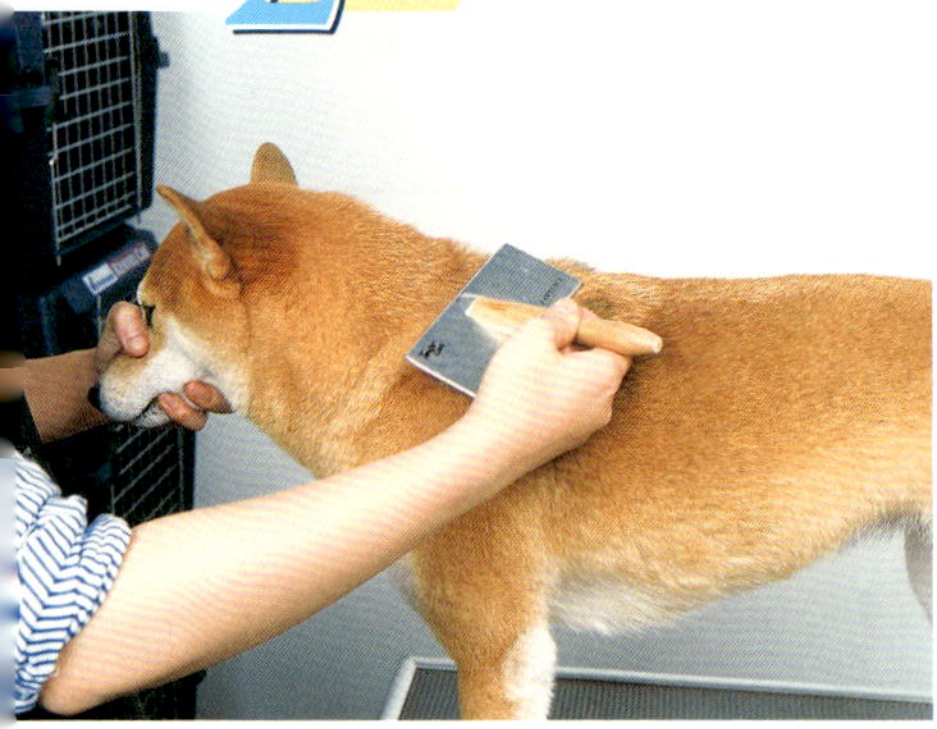

部分トリミング

ハサミは先が丸いものは、切っているときに犬が動いても安全

Ⓓ

◆足の裏

肉球（パッド）のまわりや指の間の毛も、ほおっておくと伸びてくる。フローリングの床などで足を滑らせる原因にもなり、発汗する部分でもあるので、余分な毛はカットする。肉球を傷つけないように注意しよう

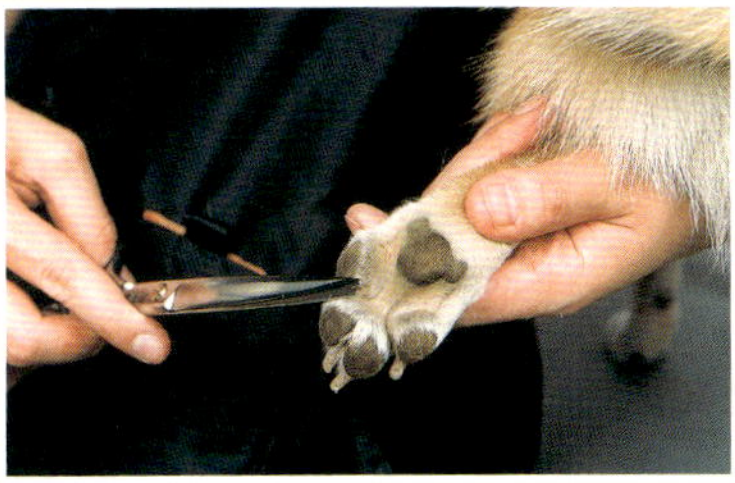

◆肛門のまわり

便がつかないように、肛門のまわりの毛を短くカットする

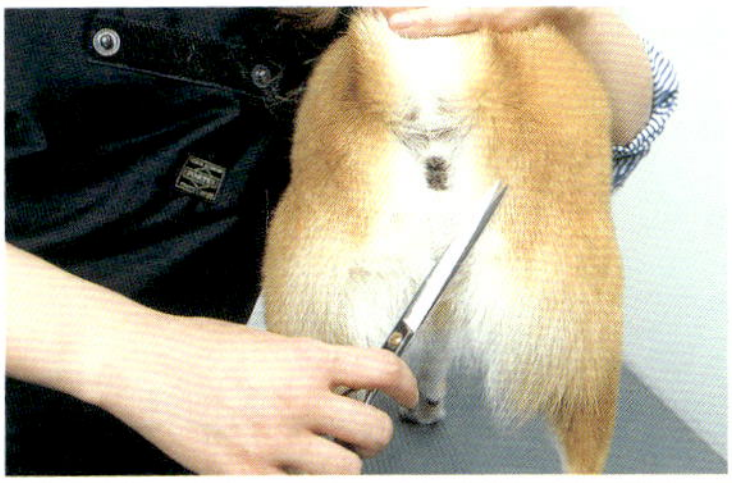

◆顔

猫と違って、ひげをカットしても問題ない。カットは飼い主のお好みで

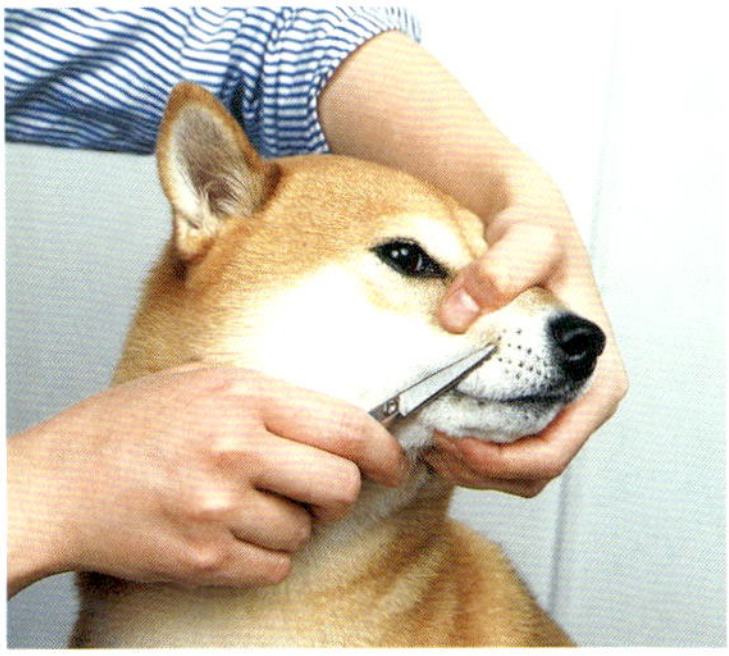

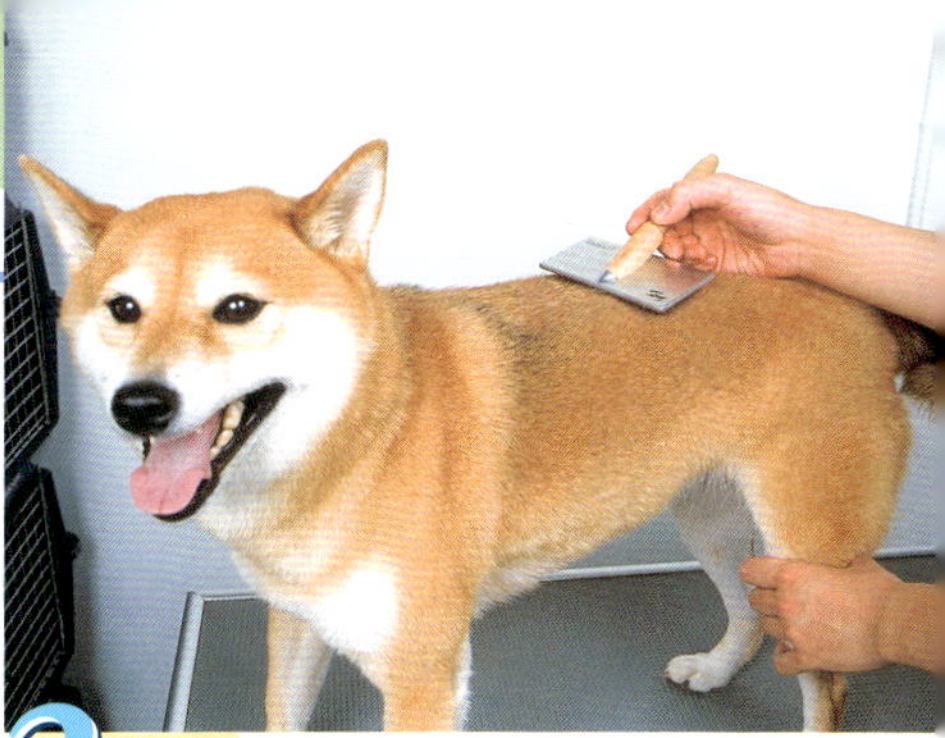

3 背中は毛の流れにそうようにとかす

4 おなかは前足を持って立たせるか、仰向けに寝かせて。比較的簡単でよい

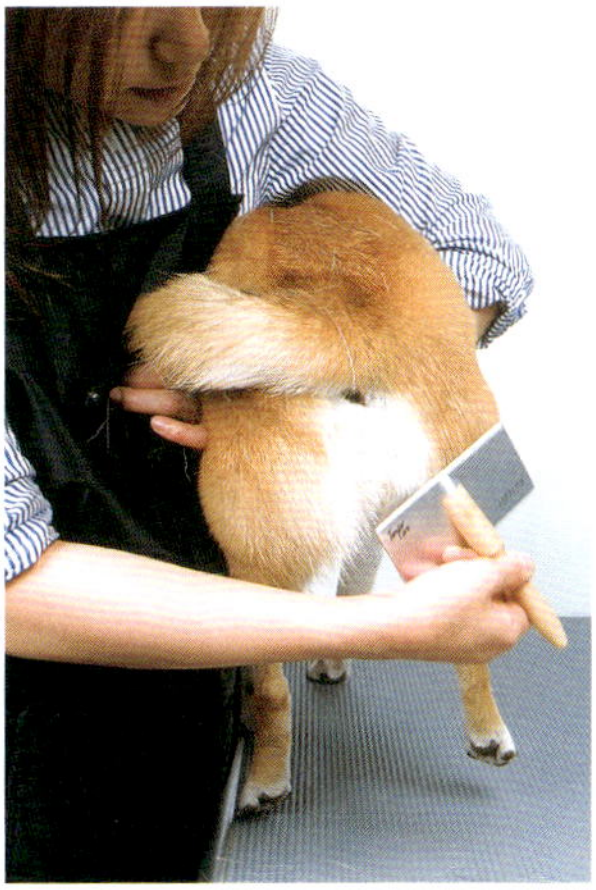

5 おしりはもっとも毛が抜けるところなのでていねいに。肛門のまわりもしっかりとかす。しっぽもブラッシングしてあげよう

6 ブラッシングと同じ順序で、コームで全身の毛並みを整えて仕上げる。足はあまり必要ないが、ブラシやコームをかけるときは、敏感な場所なのでやさしく

Ⓓ ドギーマンハヤシ（株）

シャンプー

入浴の注意点

汚れやにおいを落とすだけでなく、ノミ、ダニ駆除や皮膚病予防のためにもシャンプーは必要です。月に1回ぐらい洗うとよいでしょう。

体調が悪いときや皮膚に疾患があるとき、妊娠の初期などはシャンプーを避け、タオルで汚れを拭き取ってあげましょう。リンスを数滴たらしたお湯でタオルをしぼると効果的です。

シャンプーの仕方

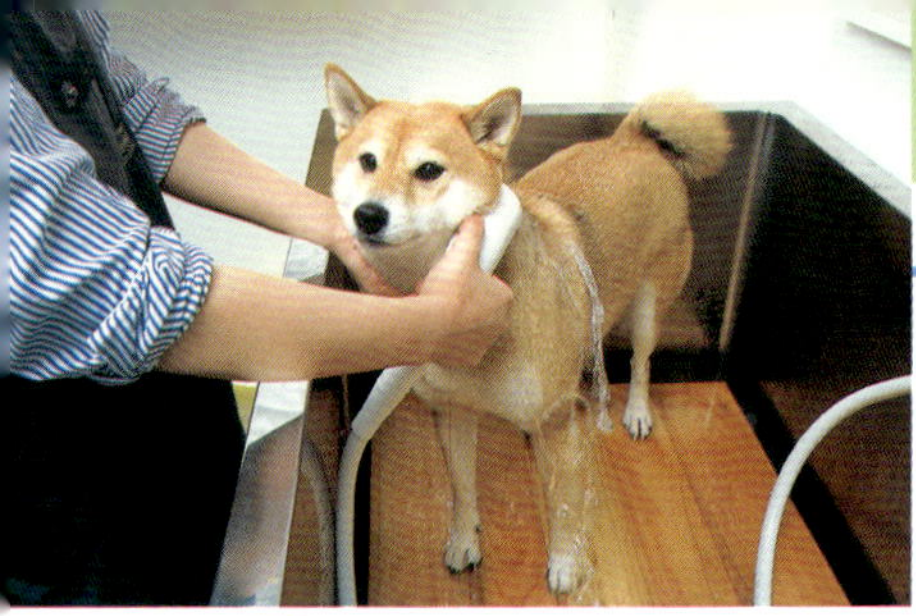

1 ブラッシングのあと、35度前後のぬるま湯をかける（シャワーはできるだけ犬の体に近づけてかけるとよい）。足元から腰、背中、首というように、下から上へゆっくりと。最後に、お湯が入らないように耳を押さえて顔をぬらす。顔にシャワーがかかるのをいやがる場合は、手やスポンジでぬらしてもよい

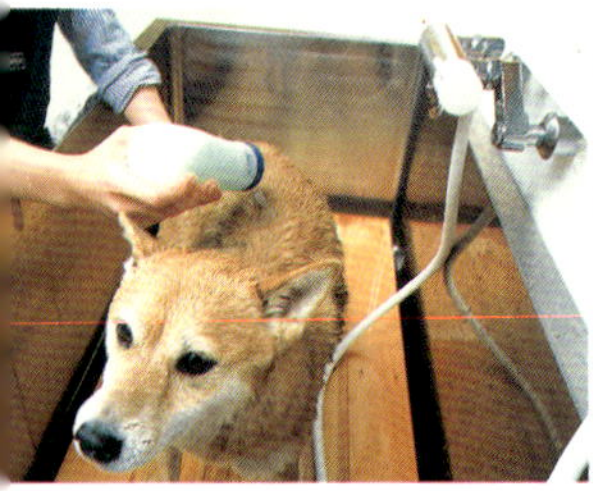

2 全身をよくぬらして、軽く下洗いする。ここで肛門嚢をしぼっておく（P107参照）とよい

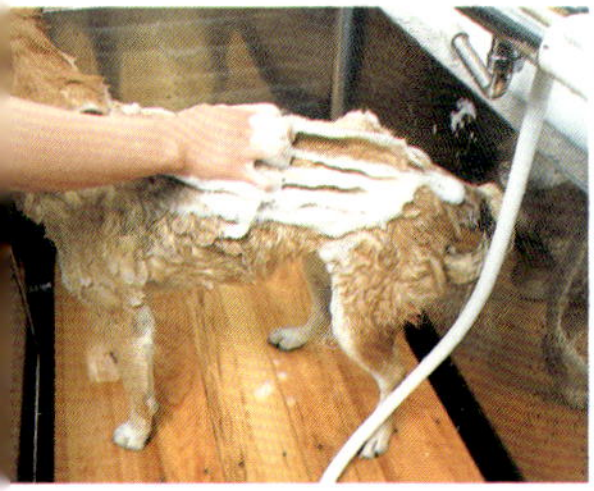

3 薄めたシャンプー剤をつけ、体全体を十分泡立てる。柴犬は毛が深いので、しっかり皮膚まで届くように指を入れ、やさしく洗う

シャンプー剤とリンス剤

シャンプー・リンス剤は、犬専用のものを用意します。低刺激なもので、被毛につやがでて、触りごこちがよくなるような良質のものを選びましょう。このほか、バスタオルやドライヤーなど、シャンプー後に使用するものも先に準備してから、犬を浴室に入れましょう。

グッズ

- ◆バスタオル
- ◆スリッカーブラシ Ⓓ
- ◆シャンプー・リンス Ⓔ
- ◆ドライヤー

Ⓓドギーマンハヤシ（株）　Ⓔ（株）ハートランド

4 おなかと脇は汚れやすいので、ていねいに洗う

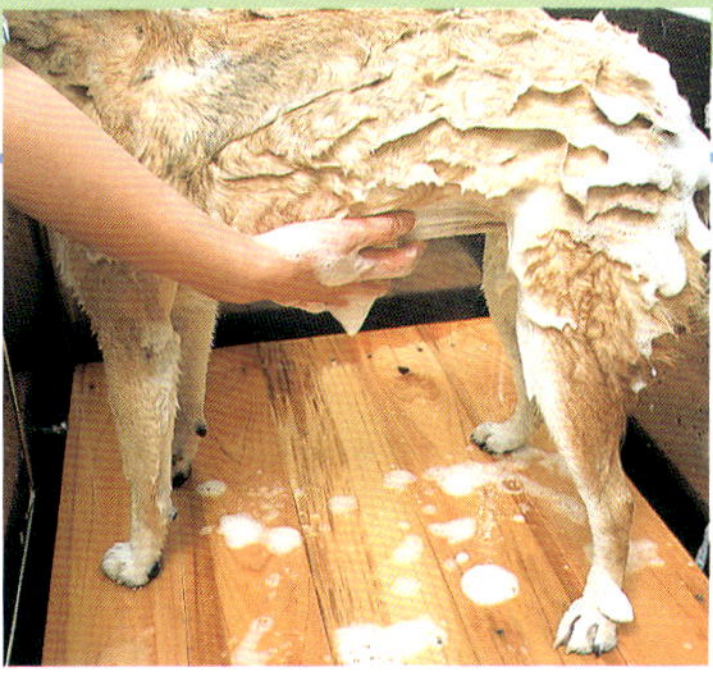

5 頭や耳は手に泡をつけて、包み込むようにやさしくもみ洗いをする。汚れやすい耳の後ろも忘れずに

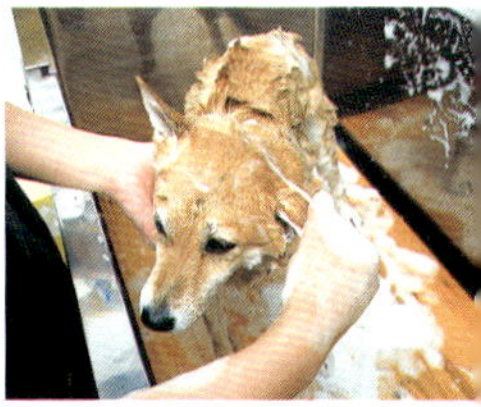

6 しっぽはもむように洗い、おしりのまわりもきれいにする

7 足を上下にこするように洗い、指の間の汚れをきれいにする

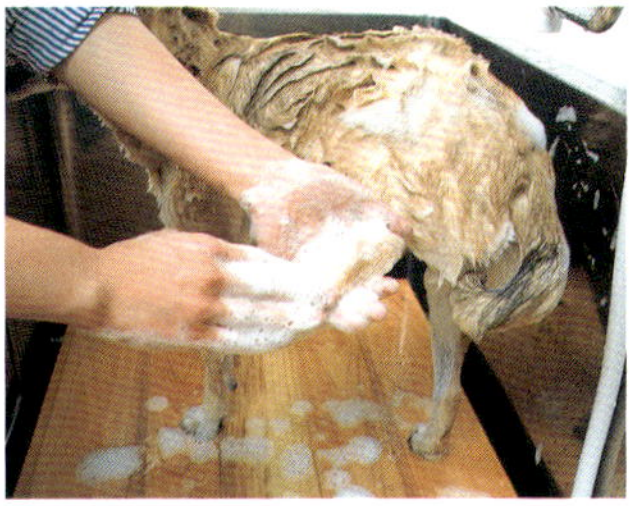

8 シャンプー剤が残らないように、十分洗い流す。耳や脇、指の間も忘れずにすすぐ

9 薄めたリンス剤を体全体にむらなく伸ばし、ていねいにすすぐ

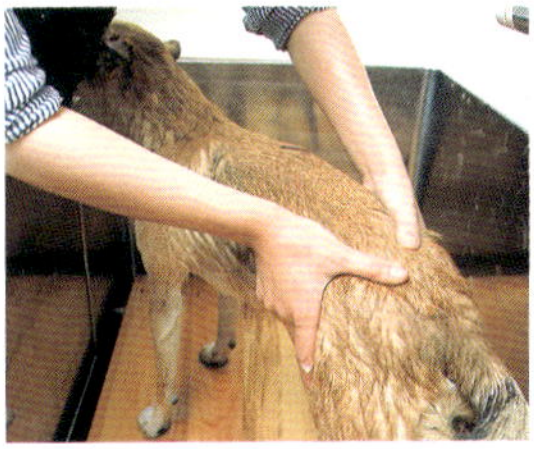

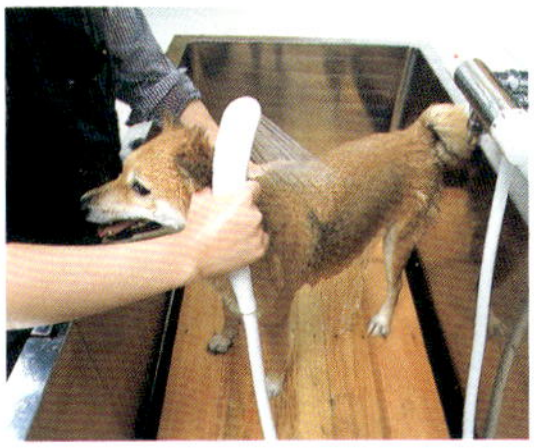

乾かし方

1 犬が身ぶるいをして水を振り払ったら、大きめのバスタオルで全身を包み込んでよく拭きとる。耳の中も忘れずに

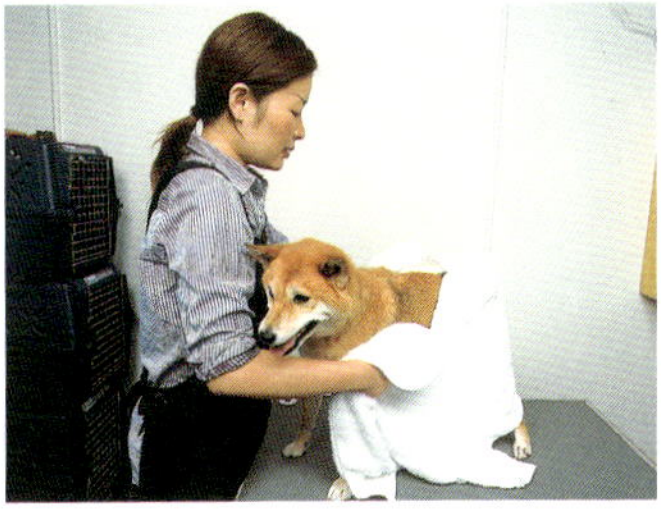

2 ドライヤーはあまり熱くしないこと。ブラッシングしながら下毛も十分乾かす

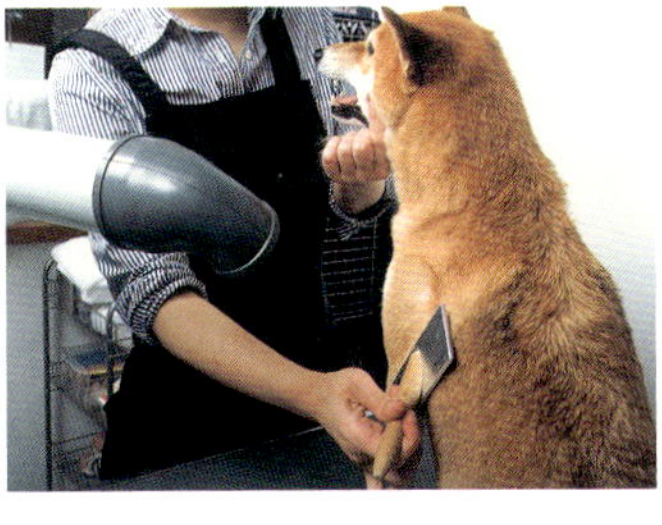

体の各部の手入れ

つめ切り

伸びぐあいを2週間に一度チェック

屋外でたっぷり運動している犬のつめは自然にすり減るので、それほどこまめに切る必要はない（地面に接していない前足の狼づめは例外）。散歩不足の室内犬や老犬はつめが伸び、先が内側に曲がって肉球の中に食い込むことも。こうなると当然、歩くたびに痛みを感じるようになる。それを防ぐため、2週間に1度はつめをチェック。のびていたら専用のつめ切りでカットする。深づめをすると出血するので、止血剤を用意しておくとよい。たいていの動物病院でも、つめ切りはしてくれる

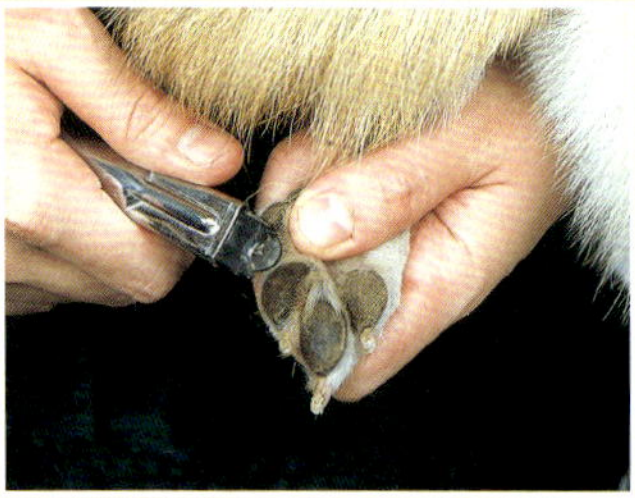

肉球を軽く押してつめ全体をむき出しにし、生づめ（内部の神経や血管の通っている部分）を切らないように注意して犬専用のつめ切りでカットする

白いつめは血管がピンク色に透けて見えているので、その手前まで切ればよい

耳掃除

チェックを日課に。1か月に1度は手入れを

チェックポイントは、悪臭がしないか、中が黒くなっていないか、炎症をおこしていないか、耳あかがたまっていないか。立ち耳の柴犬は耳のトラブルは少ないが、ほこりがたまりやすい

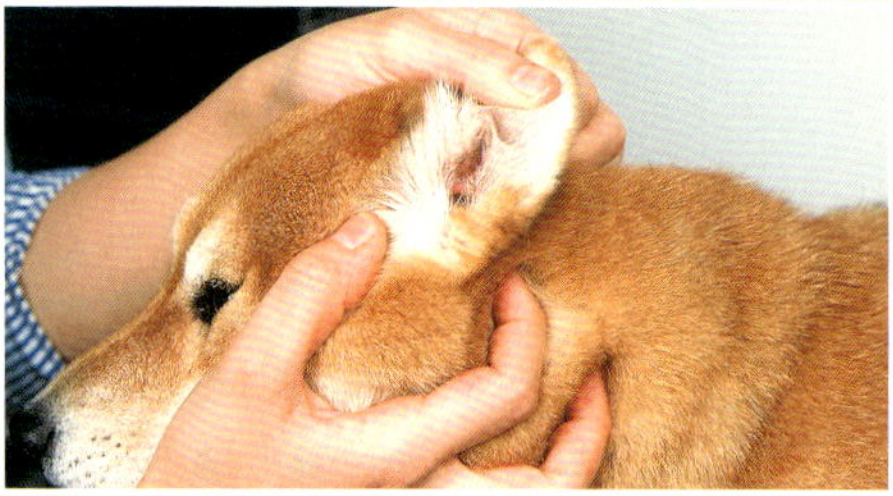

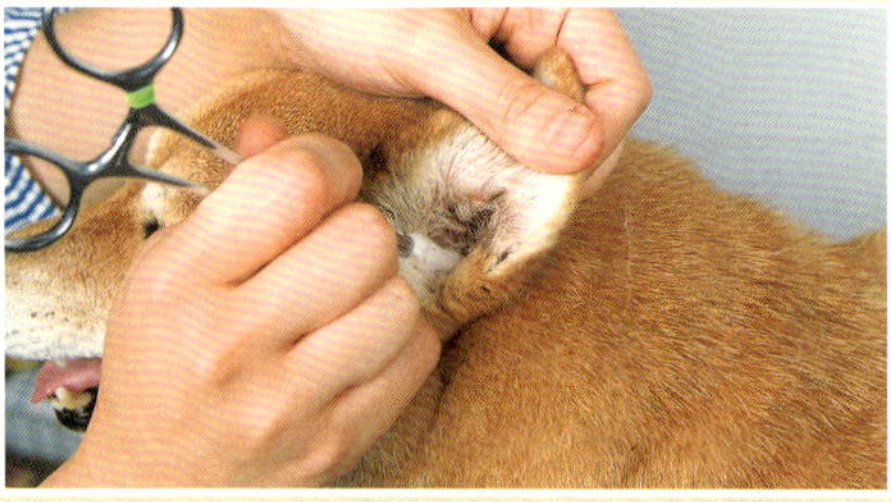

手入れをするときは鉗子やピンセットなどにやわらかいコットンを巻きつけるか、犬用綿棒を使い、耳そうじ用ローションやベビーオイルを含ませて拭き取る。耳の奥まで拭いたり、強くこすったりしないように注意する

歯みがき

週に1度の歯みがきを

歯についた食べカスは、歯石や口臭の原因になり、歯周炎や歯槽膿漏などをおこすこともある。犬は唾液が少ないので歯石がつきやすい。特にやわらかいフードをあげている場合は要注意。週に1度は歯みがきをし、歯石がたまる前にきれいにしよう。若い犬には歯石がつきにくいが、子犬のころから慣らさないと歯みがきはむずかしい。ついてしまった歯石はつめ先でこすり取る。歯石を予防する犬用ガムや、おもちゃなどを定期的にかませるとよい

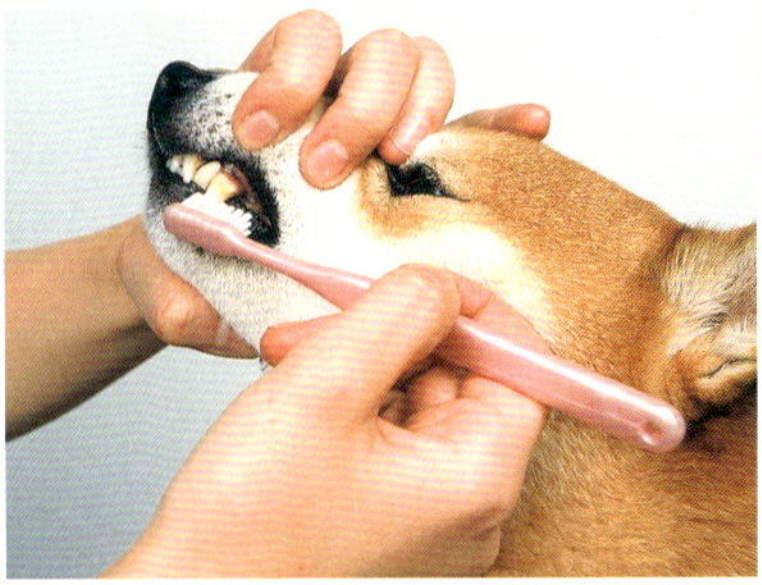

片方の手で唇を裏返すように持ち上げ、歯と歯茎が見えるようにする。子ども用のやわらかい歯ブラシか犬用歯ブラシ、または指先に巻いたガーゼでみがく。歯みがき粉は不要

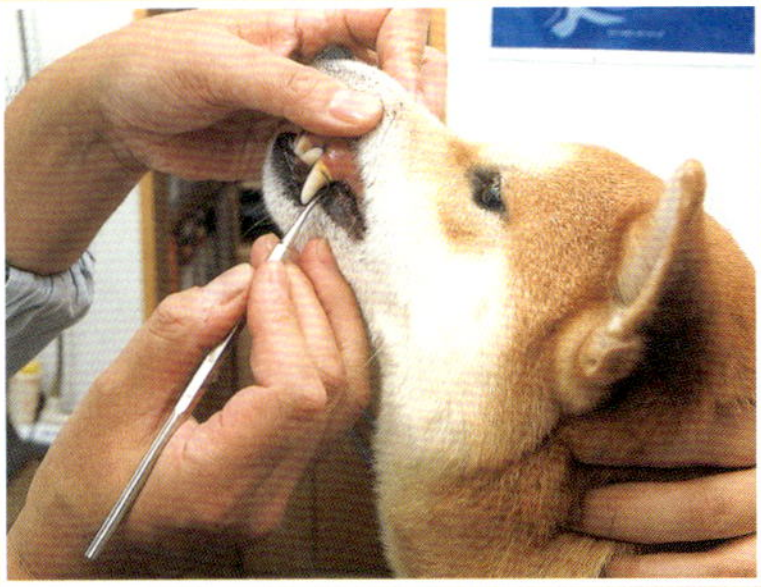

がんこな歯石はスケーラーで取り除く。むずかしいので、獣医師に任せるのがおすすめ。暴れてしまう犬の場合、麻酔をかけて除去することも

目の手入れ

散歩から帰ったらチェック

目は健康のバロメーター。黄色い目やにが出たり、白目が赤みがかっていたり、涙がいつもたまっているようなら、病気の可能性も。散歩から帰ったら、目の回りの汚れや目やに、目の中に異物が入ってないか確認。目の中に入った毛やゴミは、水性の目薬をさして異物をめじりによせて、ガーゼの先で取り除く

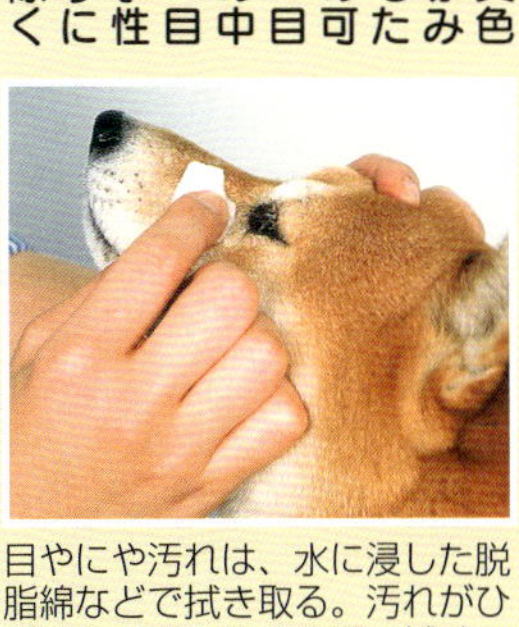

目やにや汚れは、水に浸した脱脂綿などで拭き取る。汚れがひどいときは、ぬるま湯で拭く

おしりの手入れ

頻繁になめたり床にこすりつけていたら手入れの時期

肛門嚢に分泌物がたまると、むずがゆいのを紛らわすために、頻繁にお尻をなめたり床にこすりつける。このサインがでたら、肛門嚢を絞ってあげる。出てくる液体はとてもくさいので、ティッシュやコットンで吸い取るか、シャンプー時に行う。むずかしい場合は獣医師に絞ってもらう

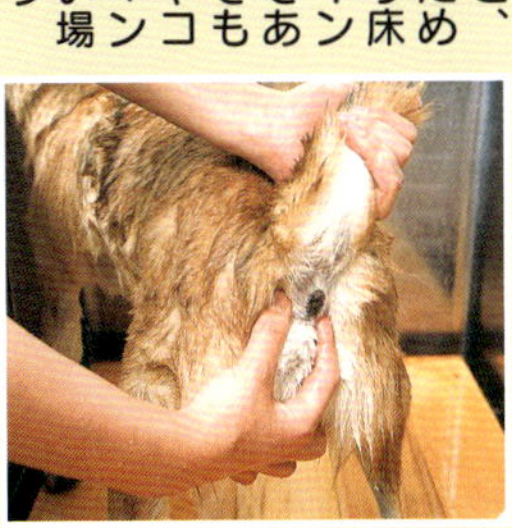

肛門を時計にみたてると4時と8時の位置に肛門嚢があり、左右から挟んで肛門に向かってこすり上げるようにする

COLUMN

（展覧会・ドッグショーを楽しむ）

展覧会・ドッグショーとは、特定の犬種がいかにスタンダード（標準体型）に近いかを競うもの。柴犬であれば、ルックス、性格ともにもっとも柴犬らしい柴犬を選ぶというわけです。日本犬保存会主催のものは展覧会、ＪＫＣ主催のものはドッグショーといいます。

●展覧会・ドッグショーを見てみよう

展覧会やドッグショーは全国各地で開催されていて、誰でも気軽に見学できます。あらゆる犬種が出展するものから単独展まで、種類や規模はさまざま。厳正な審査のなかにも和気あいあいとした雰囲気があり、飼い主も犬も楽しみながら参加しています。いろいろなタイプの犬や犬好きの仲間とも出会え、見学だけでも十分楽しめます。

特に春と秋は多く開催されています。スケジュールは愛犬雑誌や各団体のホームページなどに掲載されていますので、一度見学してみては。

●展覧会・ドッグショーに参加するには

展覧会・ドッグショーの参加方法は、畜犬登録団体によって違いますが、まずは団体に入会し、愛犬を自分名義にするのが先決。そのうえで日程や必要な手続きを確認して申込みをします。

ただし、参加するには基本的なしつけができていて、リードを左手で持っての歩様ができること、また、大勢の人の中でもリラックスしていられ、誰に触られても平気なことが重要。審査では、審査員が犬にふれたり、動きを見たりしていきます。そのときに吠えたりおびえたりしない犬であることが参加の大前提です。

展覧会の様子

審査の基準（JKCの場合）

ドックショーの審査は、個別審査と比較審査のトーナメント形式で競われる。個別審査は、各登録団体が規定する純血種ごとの理想とされる標準(スタンダード)にどれだけ近いかを審査。比較審査は、犬を引くハンドラーと一緒にリング上を歩き、ほかの犬との比較で審査する。個別審査の基準ポイントは右記の７点

❶**タイプ**……………その犬種特有の体型や性質を持っているか
❷**クオリティ**………その犬種の特徴が魅力的に見えるか
❸**コンディション**…ショー当日の健康、落ち着きぐあい、外見の様子
❹**サウンドネス**……精神・肉体的に健康かどうか
❺**バランス**…………肉体の全体的な調和がとれているか
❻**キャラクター**……性格。ほかの犬と比べ、なにか光るものを持っているか
❼**ムーブメント**……その犬種特有の動き

第6章

健康管理と病気

健康チェックのポイント

日ごろの健康状態をチェック

動物は体調が悪くてもそれを隠そうとするものですが、特に柴犬はその傾向が強く、つらくてもじっと耐えたり、飼い主の遊びの誘いにのったりします。飼い主が体の異変に気づいたときは、かなり深刻な状態になっていることもあり、日ごろから愛犬の様子をよく観察し、異常のサインを見逃さないようにしましょう。

異常とは、発熱、せきなどのほか、鳴く力が弱い、食欲の増減、水を多量に飲む、被毛のツヤがない、便や尿の状態や回数が違うなど、普段と様子が違うことです。それを発見するためには、日ごろの健康な状態を知っておくこと。食事や運動、ブラッシングなどの際に犬の体を観察するくせをつけましょう。

もしも、異常を発見したらできるだけ早く動物病院に連れて行くこと。様子を見ている間に悪化させてしまうと、犬がつらいだけではなく、治療も長引き、金銭的な負担も大きくなります。常に早期発見・早期治療を心がけましょう。予防接種などで病気を防ぐことも大切です。

病気を未然に防ぐポイント

- ◆普段の様子と変わっているところがないかよく観察する。食事、トイレ、遊んでいるとき、グルーミングで体を触ったときなどに、よく観察し、犬の異変を見逃さない

- ◆ワクチンの接種やノミ・ダニ対策を必ず行い、予防できる病気は未然に防ぐ
- ◆病気は早期発見・早期治療が大事。異常を発見したら、すぐに獣医師に相談する
- ◆不衛生は病気のもと。エサの食べ残しはすぐに片づけ、トイレやハウスは清潔に。夏場は特に注意が必要

健康状態はここでチェック！

目
目は健康のバロメーター。イキイキとして、濡れた光を放っているような愛くるしい目なら健康的。具合が悪いと、トロンとしたり潤んだりする。目やに、涙目、充血した目はゴミが入っていることが多い。老犬の目の中のレンズが白く濁ってきたときは、白内障のおそれが

耳
頻繁に耳をかいていないか、悪臭がしたり、耳だれ、耳あかはないかをチェック。耳あかが黒いときはダニや酵母菌がいる可能性が。片方の耳だけを気にして頭をふったり、頭を傾けるように歩くときも注意

鼻
睡眠時と寝起き以外は、湿り気がありツヤツヤと輝いている。乾いているときは熱がある場合が多い。鼻水や色の濃い鼻汁が出ていないか、ひび割れ、はれはないかなども確認

口
歯肉や舌は濃いピンク色か、少し赤みがかっているのが正常。口臭はないか、よだれの量が多くないか、よだれの質（あぶく状、血が混じるなどは異常）はどうか、歯茎や口の中がはれていないかチェック。口臭は内臓疾患が原因の場合も

歩き方
足をひきずる、ぎくしゃく歩く、片足を上げて歩くなど、歩き方がおかしいときは、外傷や炎症、脱臼している可能性が。つめの伸び過ぎ、足の裏の傷、トゲがささっているなどが原因の場合もあるのでチェックする

食欲
食欲が落ちたときはもちろん、急に過食になったときも要チェック。水を多量に飲むときは、糖尿病や腎臓疾患の疑いが

便・尿、肛門
子犬は特に便の状態を確認することが大切。下痢のときは便の性質や色、回数をチェック。便の中に白い虫が入っていないか、尿が出にくくないか、血尿になっていないかなど。おしりを床にこすりつけるときは肛門腺が詰まっているのでケア（P107参照）を

被毛&ボディ
被毛がパサついていないか、頻繁に体をなめてかゆがっていないか、湿疹やかぶれがないか、脱毛していないか、やせてきていないか、体重が急に増えていないか、うずくまりつらそうにしていないかなど全身の状態をチェック

季節ごとの健康チェック

1年を快適に過ごす

犬の健康管理は季節によって異なります。暑さ、寒さに注意し、快適に過ごせるようにしてあげましょう。特に子犬と老犬には注意が必要。ノミ・ダニの寄生や蚊が媒介するフィラリア症（P115参照）などの予防があります。左の予防スケジュールを参考に。ただし、気候には地域差があるので、実際には地域の動物病院で相談を。

病気の予防スケジュール

★毎年4月　狂犬病予防接種

必ず受けなくてはならない

➡P114参照

★毎年5～11月　フィラリア症予防薬

春

3月～5月

3月は寒暖の差が激しいので、子犬や老犬はかぜをひかせないように注意。また、春は冬毛から夏毛へと変わる時期。こまめにブラッシングを行う。それによってノミや、ノミによる皮膚疾患なども発見できる。気温の上昇に伴いノミやダニが繁殖するので駆除対策を

屋外飼い：特にまとめて毛が抜けるので、まめにブラッシングを

POINT

- ★4月は狂犬病予防注射の時期
- ★5月ごろから、月1回フィラリア症の予防薬を服用
- ★ノミやダニなどの寄生虫を予防
- ★皮膚病、外耳炎に注意
- ★急激な気温の変化に対処する
- ★梅雨前にハウスの大掃除を

夏

6月～8月

梅雨時は細菌が繁殖しやすいので、トイレや食器類は清潔にし、食べ残しはすぐに捨てる。水もまめに取り替える。日射病・熱中症防止のため、散歩は朝晩の涼しい時間に。気温が下がっても、アスファルトに熱がこもっていることがあるので注意

室内飼い：犬は人間より低い場所で生活しているので、冷房が強すぎないように注意

屋外飼い：犬舎は風通しをよくし、日陰に移動。蚊対策も忘れずに

POINT

- ★冷房による体調不良に注意
- ★散歩は朝晩の涼しい時間に
- ★食中毒、ノミの繁殖に注意
- ★屋外犬の犬舎は涼しい場所へ

蚊が媒介する病気。月1回の飲み薬で予防。蚊の発生時期は地域や年度によっても異なるので、動物病院で相談を⬇P114参照

★毎年4～11月　ノミ・ダニの駆除

被毛の間や犬が座っていたところなどに黒い小さな点々があったら、それはノミのフン。犬にノミがいる証拠で、人間にもうつる。ダニには肉眼で見えるものと見えないものが。頻繁に体をかいていたらダニがいる可能性が高い。毎年4～11月まで（地域・年度によって異なる）ケアすることで、ノミ・ダニの駆除ができる。駆除の方法は何種類かあるので、動物病院で相談を

◆**飲み薬**　月1回の服用で、ノミの卵、幼虫の発育を阻害し、ノミの再発生を防ぐ

◆**滴下型**　液体の薬を背中の皮膚に垂らし、駆除する。効果は1、2か月持続し、安全性が高い

◆**ノミ取りシャンプー**　刺激が強いものもあるので正しい使用方法で。シャンプーしたときだけ殺虫するので、持続性は弱い

◆**スプレー式**　ノミやダニなどの中枢神経に作用し殺虫。即効性がある

★年1回　混合ワクチン接種

狂犬病予防接種とは違い任意だが、必ず受けること⬇P114参照

秋

9月～11月

暑い夏が去り、食欲も回復してくる時期。しっかり食べさせ、十分な運動をさせて、冬に向けて体力を蓄えよう。ただし、食欲増進による肥満には注意。フィラリア症の予防薬とノミの駆除は秋の終わりまで続けること。晩秋になり冷え込んでくると、ウイルス性呼吸器感染症が多発するので注意

屋外飼い：気温が下がったら犬舎を日のあたる暖かい場所に移動し、掃除・消毒してノミの卵を残さない

POINT

- ★食欲増進による肥満に注意
- ★冬に備え散歩や運動で体力増強
- ★フィラリア症、ノミ予防は継続
- ★換毛期のグルーミングをまめに
- ★犬舎を暖かい場所に移動

冬

12月～2月

子犬や老犬、体調のよくない犬にとって冬の寒さはつらいもの。空気が乾燥してウイルスに感染しやすいので、かぜには十分気をつける。体力が落ちているときは、栄養価の高い食事を普段より少し多めに与えよう。シャンプーや雨で体が濡れたら、しっかり乾かしてあげること。運動不足にならないよう、寒くてもさぼらずに散歩に行こう

室内飼い：暖房器具による低温やけどや、感電事故に注意

屋外飼い：犬舎を暖かくしてあげる（子犬や老犬はなるべく室内飼いに）

POINT

- ★ハウスに毛布などを敷き保温する
- ★せき、発熱、鼻水などかぜの症状をチェック
- ★暖房器具によるやけどに注意
- ★天気のよい日には日光浴を
- ★寒くても散歩に行こう
- ★シャンプーは暖かい日中に。かぜをひかせないよう完全に乾かす

犬の感染症と予防

愛犬の命にかかわる感染症

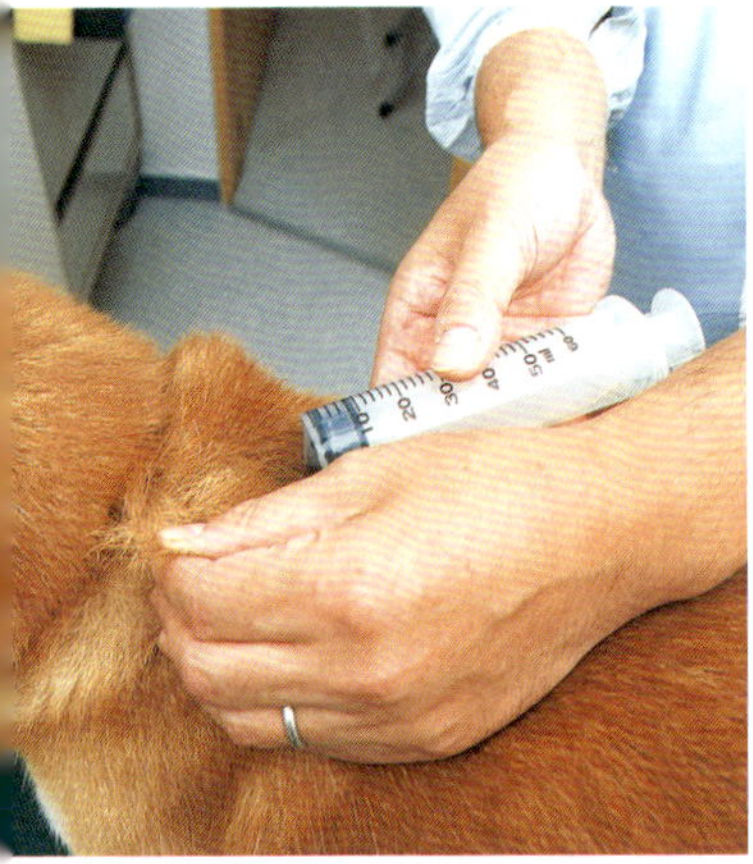

犬の感染症は、一度感染すると命にかかわる危険な病気が少なくありません。感染後の治療もむずかしく、結果的には死亡したり、後遺症に苦しむことも。こうしたこわい感染症を防ぐためには、ワクチン接種や予防薬の服用が効果的です。ウイルスや細菌によるおもな感染症は、狂犬病、ジステンパーなど左に挙げたとおり。フィラリア症は、微生物ではなく、蚊を媒介に感染する寄生虫病です。

感染症の予防は、狂犬病は年1回の予防接種、フィラリア症は毎年5～11月まで月1回の予防内服薬、そのほかの感染症は年1回の混合ワクチンの追加接種で免疫を強化します。狂犬病以外は任意ですが、毎年受けるようにしましょう。

Mini column 人にもうつる犬の病気

犬の病気のなかには、人にもうつる人畜共通感染症というものがあります。その代表が狂犬病。ほかに、犬のフンから感染するカンピロバクター、カビなどが原因となる皮膚疾患も、人にうつる場合があります。予防策としては、予防接種を受ける、ハウスや犬の体を清潔に保つ、犬を触ったり、排泄物を処理した後は、ていねいに手洗いをすることです。

■予防接種と予防薬

予防薬の種類	接種・服用の時期	料金の目安 ＊動物病院により異なる
狂犬病予防接種 ＊接種は飼い主の義務。畜犬登録後は市区町村より通知がくる	生後3か月がすぎたら1回目を接種。以後年1回4月に追加接種	初回は畜犬登録を含め6,000～7,000円前後。2回目以降は3,000～4,000円前後
混合ワクチン接種 ＊3種・5種・7種・8種などがあるので、動物病院で相談を。犬パルボウイルス感染症には単体のワクチンもある	生後50日前後に1回目、その後3、4週間隔で1回以上接種。以後1年に1回接種	5,000～9,000円。7種や8種混合はやや高めのこともある
フィラリア症予防薬 ＊気候や地域により服用期間が異なる	毎年5月～11月（地域や気候によって異なる）に月1回のペースで服用	1回分1,500～2,500円前後。複数のメーカーのものがあり、動物病院や体重によって、料金にはかなりの差がある

ワクチン・予防薬で防げるおもな感染症

狂犬病

日本では1957年以後発生していないが、世界的には減少していない

特徴●意識障害と中枢神経をやられ狂暴化する急性致死性伝染病。一定の潜伏期間があり、発病後は3、4日でほぼ100％死亡する。人間にも感染し、死亡率100％

症状●よだれ、狂暴化、筋肉麻痺

感染経路●感染した犬の唾液、かまれた際の傷口から感染

予防●狂犬病予防接種

ジステンパー

特徴●空気感染するウイルス性の病気で致死率が高い。1歳以下の子犬に発病することが多く、進行すると脳炎で神経がおかされてしまう。治っても神経症状などの後遺症が出ることがある

症状●高熱、激しいせき、下痢、神経症状（チック症状など）、けいれん

感染経路●くしゃみなどによる空気感染、鼻水、唾液、排泄物から経口・経鼻感染

予防●混合ワクチン接種

犬伝染性肝炎 犬アデノウイルス2型感染症

特徴●犬アデノウイルスによるもので、肝炎や、肺炎などの呼吸器症状が出る

症状●高熱、肝臓の痛み、嘔吐、下痢、突然死、角膜の白濁

感染経路●排泄物を通して経口・経鼻感染

予防●混合ワクチン接種

犬パルボウイルス感染症

特徴●「犬のコロリ病」といわれ、非常に感染力の強い病気で死亡率が高い。子犬が突然死をする心筋型と、下痢、血便、嘔吐を繰り返す腸炎型がある

症状●激しい下痢、嘔吐、血便

感染経路●排泄物を通して経口・経鼻感染。ウイルスは抵抗性が強く、汚染された土壌などに1年以上も生息し感染力をもつ

予防●混合ワクチン、または単体のワクチン接種

レプトスピラ症

特徴●レプトスピラ菌によって腎臓や肝臓がおかされる人畜共通の感染病。悪化すると尿毒症がおきて死に至る

症状●黄疸、嘔吐、下痢、歯茎の出血、脱水症状

感染経路●ネズミによる媒介。汚染された尿、川水、下水によって、経口・経鼻感染

予防●混合ワクチン接種

犬パラインフルエンザウイルス感染症（ケンネルコーフ）

特徴●ウイルスと細菌が合併しておこる病気で気管支炎、肺炎のような症状をおこす

症状●激しいせき、鼻水、発熱、下痢

感染経路●せきやくしゃみによる経口・経鼻感染

予防●混合ワクチン接種

フィラリア症

特徴●ソーメン状の細長いフィラリア（犬糸状虫）が肺動脈や心臓に寄生して循環障害をおこし、やがて全身の臓器が不全になり死亡する。感染率は高い

症状●初期は軽いせき、元気がない、毛のつやが悪い。病状が進むと心不全、腹水などの全身症状

感染経路●蚊を媒介として感染

予防●フィラリア症予防薬の内服。ただし、すでに感染している犬には服用で重大な副作用が出ることがあるので、必ず投薬前に血液検査を受ける

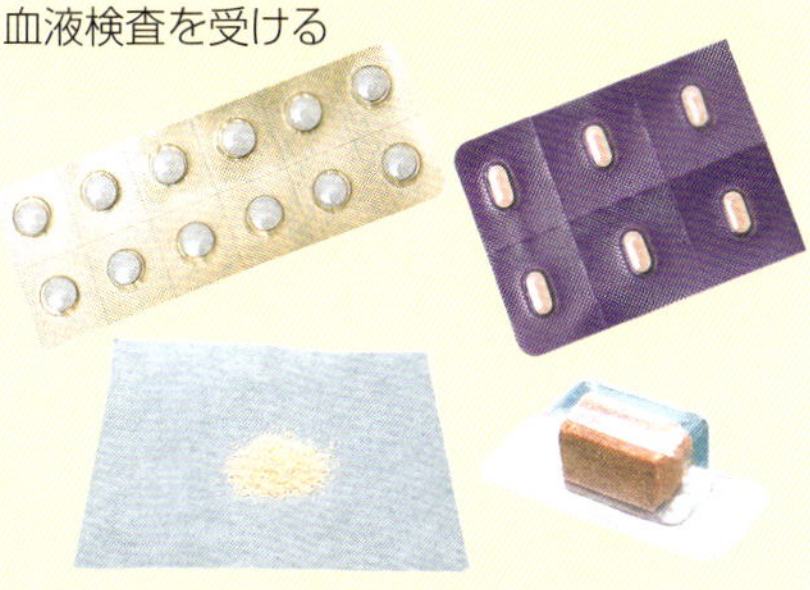

フィラリア症予防薬は複数のメーカーから出ていて、錠剤、粉末、ノミの駆除と同時にできるものなどタイプもさまざま。獣医師と相談して決めよう

柴犬に多い病気

柴犬は丈夫で病気にかかりにくいのが特長。洋犬のように、犬種による特定の病気にかかりやすいということはありません。しかし、室内飼いの増加やドッグフードの普及といった生活環境の変化に伴い、アレルギー性の疾患がやや増えているといわれています。また、柴犬は屋外飼いが多いため、虫が媒介する病気にはより注意が必要。柴犬に限ったことではありませんが、加齢にしたがって内臓疾患はおこりやすくなります。

肥満

犬は肥満すると糖尿病や心臓病、関節の疾患などにかかりやすくなる。成犬になったばかりでまだ太っていない1歳前後のときの体重を基準に、体重増をプラス15%以内にとどめるようにしよう。手で触っても肋骨が感じられなかったり、犬を立たせて真上から見たときに胴のくびれがない状態は太りすぎ。

肥満は万病のもと、太りすぎてしまったらダイエットを行う。ダイエットさせるには、ドッグフードの量を現在の体重の適正量の3分の2程度にし、朝、昼、晩の3回に分けて与える。動物病院の処方食や、市販の低カロリーフードを利用するのも効果的。与える分量は、フードの袋にある指示に従う。適当な運動をさせてエネルギーを消費させることも必要。ただし、急激なダイエットは体に負担をかけるので、気長に行うこと。人間と同様、犬もやせるのはたいへん。太る前に、健康的な食生活と十分な運動を心がけたい

皮膚病

皮膚病には急性湿性皮膚炎やアトピー性皮膚炎、アレルギー性皮膚炎、内分泌性皮膚炎などがある。その原因は、不衛生、ノミやダニ、カビ、ドッグフードが合わないことなど。夏場は、ノミによるアレルギー性皮膚炎が多い。柴犬は屋外の環境に適応していた犬種なので、室内で飼われた場合、ハウスダストなどが皮膚病の原因になることもある。また、市販のドッグフードを与えられるようになってからの歴史が浅い犬種であるため、食生活の変化に適応できず、皮膚病になってしまうこともある。ぬれることをきらう傾向がある柴犬の場合、頻繁なシャンプーや足を洗いすぎたりすることがトラブルの原因となることもある。脱毛の症状があらわれたら早めに動物病院へ

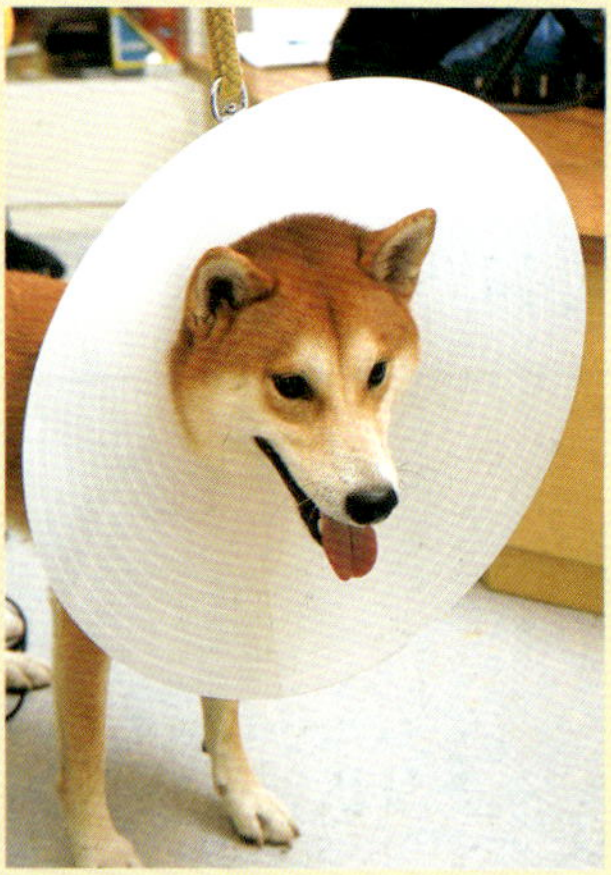

皮膚病や耳の疾患などにより頻繁に顔や耳をかいたり、傷口や薬を塗ったところをなめるなどのときは、エリザベスカラーで保護することも

寄生虫

犬の寄生虫で代表的なものは、ノミやダニ、回虫、鉤虫、鞭虫、犬条虫、フィラリアなど。これらはおもに経口感染や胎盤感染して、小腸（回虫など）や心臓（フィラリア）、皮膚（ノミ、ダニ）に住みつき栄養分を奪って成長する。やせて毛づやが悪くなり、下痢、血便、食欲不振などの症状があらわれる。なかでもフィラリア症は死亡率が高いので、屋外飼いの場合は特に注意が必要(P115参照)

膝蓋骨脱臼

患肢を上げて三本足で歩くようになったら、膝関節の脱臼を疑うこと。原因は成長期の食生活の偏りや、打撲・落下などの衝撃。遺伝的要因もあり、先天的に膝蓋骨がおさまる溝が浅いと脱臼しやすくなる。外れても自然に戻ったりする場合があり、慢性化しやすい。放置すると悪化するので、早めに動物病院へ

子宮蓄膿症

特に高齢の未経産犬や出産回数の少ないメスに多い病気。発情の1、2か月後、元気や食欲がなく、腹部の膨満、嘔吐、多飲多尿、外陰部のはれが見られる。手術による子宮や卵巣摘出になるので、繁殖はあきらめなければならない。繁殖を望まないなら、早めに避妊手術をすることで予防できる

腫瘍（ガン）

乳ガン、皮膚ガン、腹部や口腔、骨のガンがあり、内臓や骨以外はしこりにふれることができる。発生率は高齢になるほど高く、より早期に発見すれば治る確率も高い。5歳を過ぎたら月に1回は体や口の中を調べて、しこりの有無を確認。柴犬の場合、10歳を過ぎたら年に2回程度健康診断を受け、腫瘍の存在の有無をチェックしよう

歯の疾患

歯みがきもせず、やわらかいものばかりを与えていると、歯垢や歯石がたまって口臭が強くなる。そのまま放置すると歯肉炎や歯周炎、歯槽膿漏などの原因に。年をとってから歯みがきをはじめようとしても、犬がいやがるため、子犬のころから慣らしておくようにすること。たまった歯石は動物病院で取れるが、全身麻酔をする場合が多く、老犬ではリスクも高くなる

こんな症状に要注意

吐く

犬はよく吐くので元気で異常がなければ心配ないが、繰り返し吐く場合は要注意。胃内異物、胃腸疾患、感染症の初期、中毒などが疑われる。吐いたものを持って動物病院へ

口臭が強い

歯石、歯周炎、歯肉炎の疑いが。歯がぐらぐらしていないか、よだれが多く出ていないか、膿が出ていないかをチェックする。そのほか、歯垢が原因でくしゃみが出たり、青鼻が出ることも。消化器系の病気、寄生虫でも口臭が出る

せきをする

気管支炎、肺炎、心疾患、ケンネルコーフ、ジステンパーなどの疑い。至急動物病院へ

歩き方がおかしい

つめの伸びすぎや、足の裏のトゲなどのけがの疑い。このほか、骨折や脱臼、関節炎や筋炎、股関節形成不全の疑いも。早めに動物病院へ

水を多量に飲む

水をたくさん飲み、尿の量が多い場合は、糖尿病、慢性腎機能障害、下垂体機能低下症、甲状腺機能亢進症、クッシング症候群など、ホルモン系の病気の疑いが。下痢や嘔吐を伴うときは、パルボウイルス感染症やレプトスピラ症の感染が疑われるので至急動物病院へ。メスは子宮蓄膿症の疑いも

食欲がない

食欲旺盛だった犬が、急に食べなくなる、徐々に食べなくなるなど食欲不振になったときは、内臓疾患や寄生虫、腫瘍（ガン）などが疑われる。このほか、口内炎や歯肉炎など口腔の病気も考えられる

発熱する

元気がなく食欲不振な場合は、感染症や中毒、炎症性の病気の疑いが。真夏に長時間外に放置したり、車の中に閉じ込めたため、呼吸が荒くなり、よだれを垂らしているようなときは熱射病の疑いが。至急動物病院へ

下痢をする、便秘をする

下痢は食べ過ぎや消化不良をはじめ、食中毒、大腸炎などの疑いが。寄生虫やウイルスに感染すると、血便、粘液便、黒く粘りのあるタール便が出る。便秘の場合は、腸や肛門部に物理的障害（腫瘍など）があることも。いずれにしても便を持って動物病院へ

尿の色がおかしい

血尿やコーヒー色、黒っぽい色などの場合は、腎臓病、膀胱炎、尿道結石、腫瘍の疑いが。尿の量や色、におい、頻度などをチェックし、尿を持って動物病院へ

脱毛する

体の左右対称に抜ける場合は、ホルモン性皮膚炎、円形や楕円状に抜ける場合は、細菌や真菌による脱毛症の疑い。かゆがり、腰から尾にかさぶたがあり、背中の毛が抜けるときはノミアレルギー性皮膚炎の疑いが。ほかに、皮膚をかむ、なめる、フケが多いときも皮膚のトラブルがあるのかも。早めに動物病院へ

耳を強くふる、耳をかく

悪臭がある場合は外耳炎、内耳炎、耳疥癬（みみかいせん）（耳ダニ症）などの疑い。黒い耳あかがたまり、かゆみがひどいときは耳疥癬の疑いが。早めに動物病院へ。虫や植物の種などの異物が入っているときもあるので、耳の中をチェックする

お尻を地面にこすりつける

肛門のまわりがはれている場合は、肛門嚢炎、肛門周辺の皮膚病の疑い。肛門嚢の詰まりは絞る（P107参照）

家庭での看護

上手な看護法を身につけよう

愛犬が病気になったときは、病院での治療のほかに、家庭での看護も必要になります。特に慢性の病気は、自宅で行う長期的な手当てが重要なポイントになります。薬を飲ませたり、熱や体重をはかったりすることが、病気の治療に役立つからです。こんなときのために、普段から上手な看護の方法をマスターしておきましょう。

なお、看護の基本は、処方された薬を指示どおりにきちんと飲ませることです。適当な飲ませ方では、病気はよくなりません。

また、体重や体温のチェックは、日常のケアとして普段から定期的に行うのが理想的です。

看護法

◆体重のはかり方

飼い主が犬を抱いて体重計にのり、そのあとに飼い主の体重をはかり、差し引き計算で犬の体重を出す。柴犬は10kg前後なので、抱き抱えられるはず

◆体温のはかり方

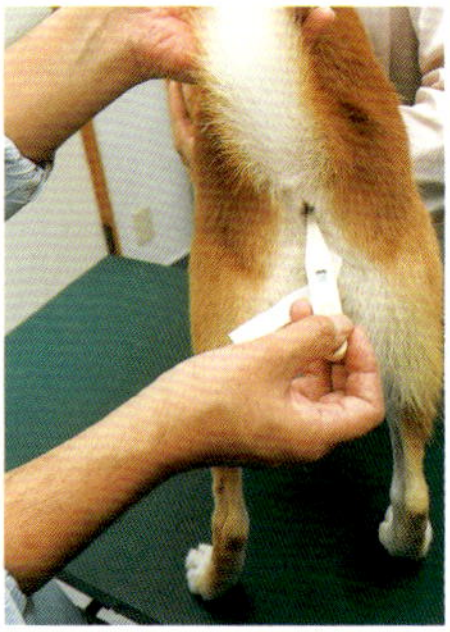

犬の平熱は38度前後。耳や体がいつもより熱いと感じたら、体温をはかろう。しっぽを持ち上げ、体温計の温感部分が肛門内に隠れるまで深く入れる。犬が動く場合は、別の人が保定する。耳の中ではかるタイプの体温計にしてもよい

◆目薬のさし方

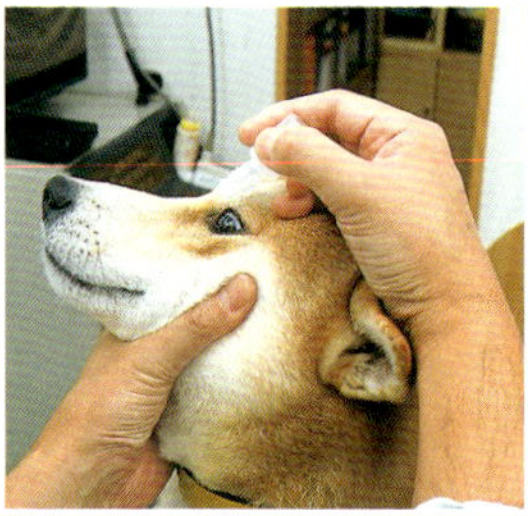

まず、あごの下に手をあて固定する。次に、犬が気づかないように目薬を頭の後ろから目に持っていく。目薬を持った方の手で、まぶたを上に軽く引っぱり、容器の先が眼球にふれないように点眼する

◆保定の仕方

診察を受けたり、傷の手当てをしたり、体温をはかるときは、犬が動くのを防ぐために「保定」をする。やり方は、片方の手で抱きかかえるようにし、もう一方の手を首にまわしたり、口吻をつかんで固定する

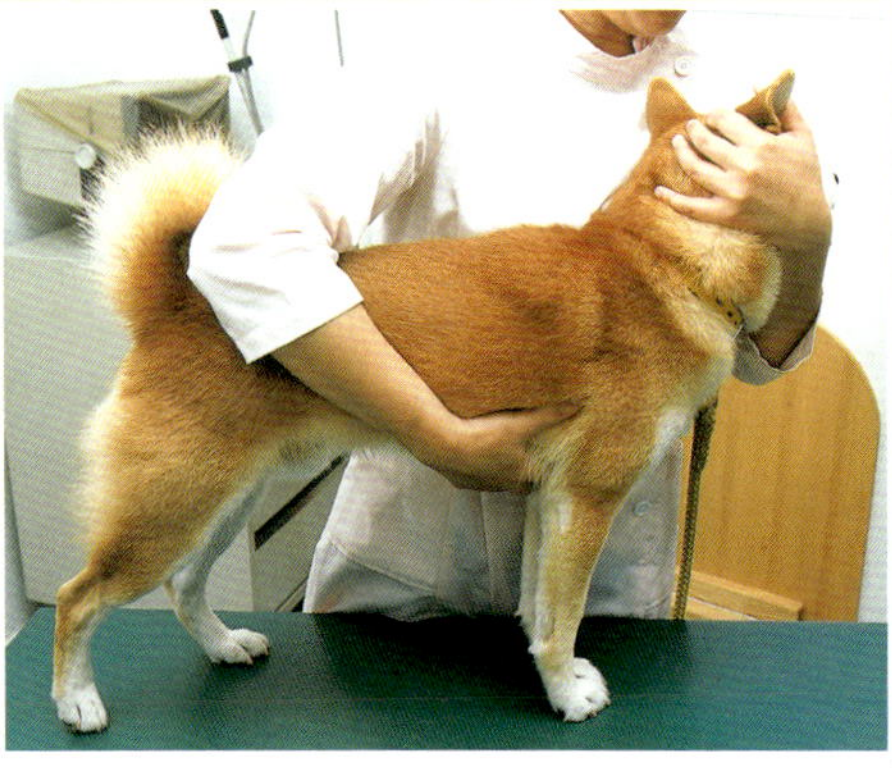

薬の飲ませ方

錠剤・カプセル

1 片方の手で口を開け、もう一方の手で口の奥に錠剤を入れる

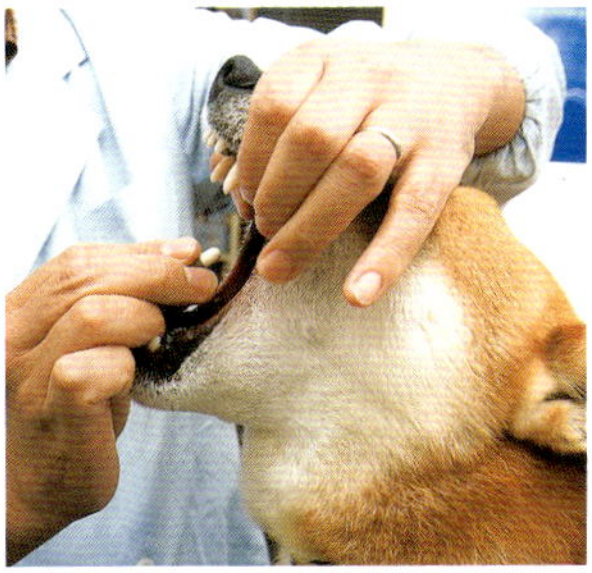

2 口を閉じさせ、上を向かせてのどを上から下へなでる。コップに水を少し入れておき、すぐに一口飲ませてもよい

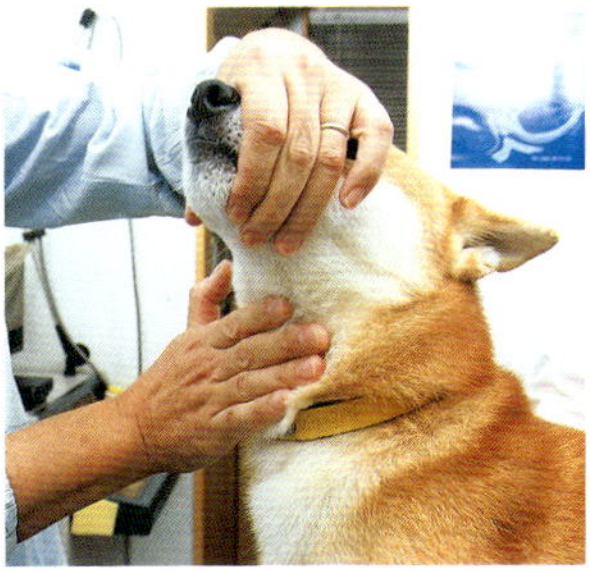

＊いやがるときは、錠剤を細かく砕いてエサに混ぜたり、チーズなどの好物の中に埋め込んでもいい

粉剤

1 口を閉じさせ、ほっぺたを外側に引っぱり、歯との間に粉剤を入れる

2 外側からほっぺたをよくもんで、唾液と粉剤を混ぜる

＊いやがるときは、バターやクリームに混ぜ、歯の裏側に塗るとなめて服用される。オブラートに包んで、錠剤と同じ方法で与えるのも一法

液剤

1 あごの下に手をあて、犬の口を上向きにする

2 スポイトか針のついていない注射器に入れた液剤を、犬歯の後ろに差し込んで流し込む。飲み込むまで口は閉じたまま

救急箱の中身

◆**脱脂綿、ガーゼ**
耳掃除やすり傷の消毒に

◆**ピンセット、ハサミ、鉗子**
ハサミは先が丸いものが安全。鉗子に脱脂綿を巻いて耳そうじやキズの手当てを

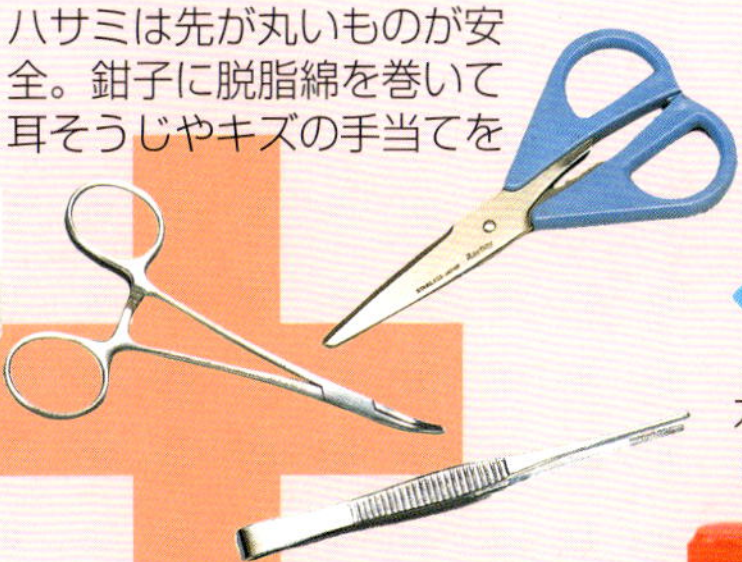

◆**体温計**
電子体温計を犬専用にする

◆**消毒用アルコール**
ガーゼやピンセットなどの消毒用

◆**包帯・絆創膏**
包帯は伸縮性のあるものがよい

◆**つめ切り**
犬用つめ切りを用意。止血剤もあると便利

◆**弱刺激性ヨード剤**
すり傷や切り傷を消毒する。屋外で何かを踏むなどしてパッドを痛めることもあるので、小さな容器に入れて外出時に持ち歩くのもおすすめ

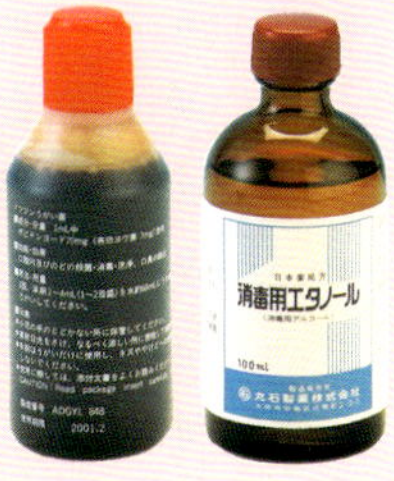

＊下痢止め、胃腸薬などの内服薬を常備してもよい。その際は薬の有効期限をときどきチェックし、常に新しいものと交換する

けがの対処

安全管理も飼い主の役目

犬のけがには、飼い主の不注意によるものが少なくありません。飼い主は常に安全管理を心がけましょう。

骨格のしっかりしていない子犬のうちは、高い場所からの飛びおりや、階段の上り下りは禁物。階段では抱いて上り下りし、抱いたときは、いやがって腕から飛びおりないように注意します。

そのほか、室内の事故で多いのが誤飲。電気コードや、掃除などに使う化学薬品、殺虫剤、画びょう、たばこなど、危ないと思えるものはすべて犬の届かないところに保管しましょう。

また、散歩中のけがにも用心。犬が大好きな草むらには、小枝やガラスの破片

応急処置の仕方

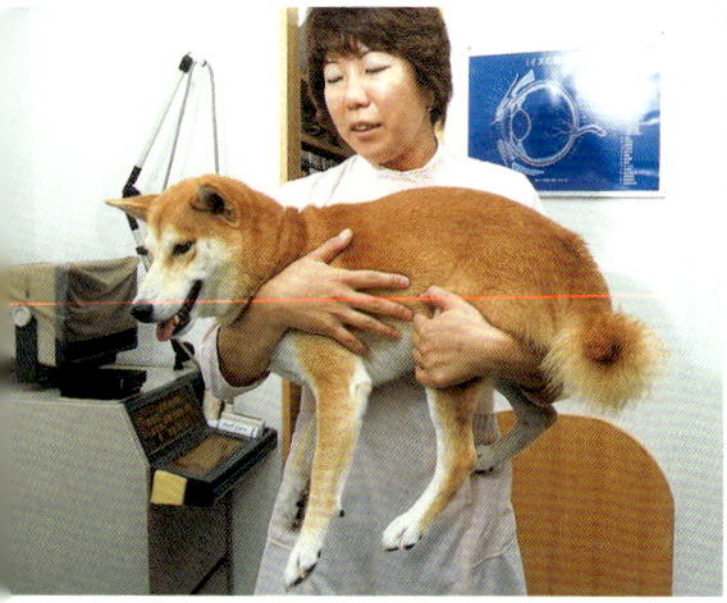

◆けがをした犬の運び方

お尻と胸を支えて運ぶ。痛いと暴れることがあるので、しっかりと支えよう

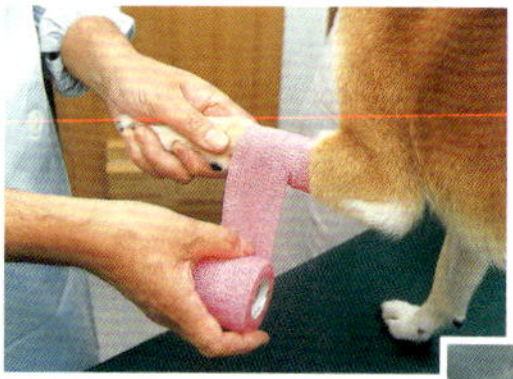

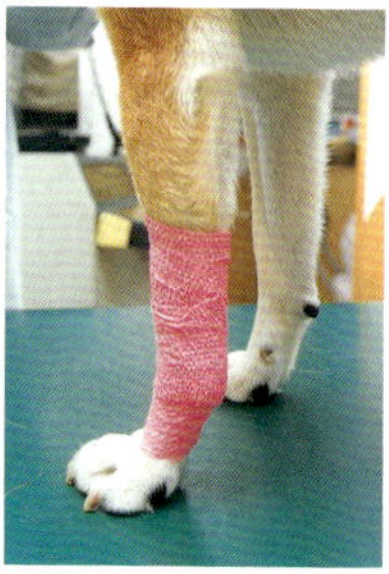

◆包帯の巻き方

出血しているときは、脱脂綿で傷口を押さえ、全体をガーゼでくるんだ上から包帯を巻く。きつすぎると血行が悪くなるので注意。包帯は伸縮性のあるものが使いやすい

◆止血の方法

出血している患部をハンカチなどで強く押して止血する。出血量が多いときは、出血部より心臓に近い血管を指で圧迫するか、ひもで縛って止血する

◆心臓マッサージと人工呼吸の仕方

1 横向きに寝かせ、首をまっすぐ伸ばして肺への気道を確保。舌を口から引き出す

2 犬の左胸部、ひじの後ろ側の部分に手のひらを当て、もう一方の手をその上にのせ、1秒に1回のペースで強く押してマッサージをする

3 犬の鼻面をくわえるように口をつけ、息をゆっくり吹き込む。2と3を10秒ずつ交互に繰り返す

が散らばっていることもあります。特に夜の散歩は、危険物が見えにくいので注意しましょう。そして、もっともこわいのは交通事故。ほかの犬や猫などを発見して、とっさに飛び出してしまうこともあります。リードをしっかり持つことはもちろん、行動を制止できるように普段からきちんとしつけておきましょう。

こうして危険を未然に防いであげると同時に、万一に備え、いくつかの応急処置を覚えておくといいでしょう。

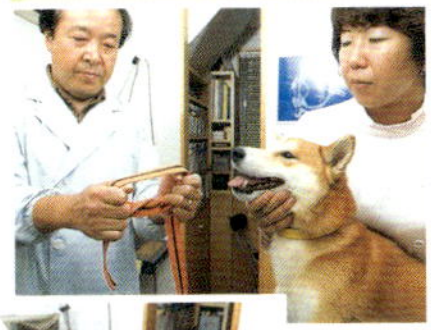

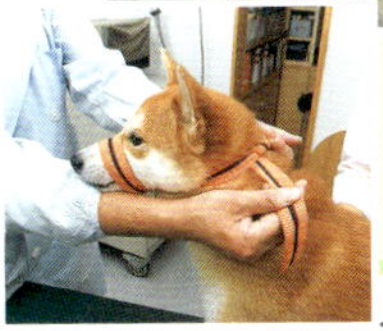

口輪の仕方

けがをして興奮状態の犬は、反射的に飼い主をかむこともある。口輪はプラスチック製のものが市販されているが、緊急時には、ストッキングやひもなどで作った輪を口吻にかけ、両端をあごの下から首の後ろにまわして結ぶとよい。

ケース別　応急処置

日射病・熱中症

犬を涼しい場所に移し、体に水をかけたりぬれタオルで全身を包んだりして、体温を下げる。犬が水を飲みたがったら、どんどん与える。ぬれタオルや氷のうなどで冷やしながら、動物病院へ

やけど

すぐに患部を冷たい水や、水でぬらしたタオルで冷やす。洗面器に氷水を入れてひたすのもよい。重傷の場合（皮膚がこげていたり、むけて赤くなっているなど）は動物病院へ

感電

いきなり抱き上げると人間も感電する。犬の体や失禁した尿などにふれないよう注意して電源を抜く。もし、呼吸が止まっていたら、人工呼吸を行う。足を持って振り回してもよい。回復したようにみえても必ず動物病院へ

打撲

軽傷なら、患部を冷たいタオルや氷のうで冷やす。強い打撲や頭部の打撲は、犬をできるだけ動かさずに動物病院に運ぶ

骨折・脱臼

骨折は、出血があるときは止血し、患部をガーゼかタオルでくるむ。板や厚紙を副木にして固定し、包帯を巻く。脱臼も骨折と同様に固定。その後、動物病院へ

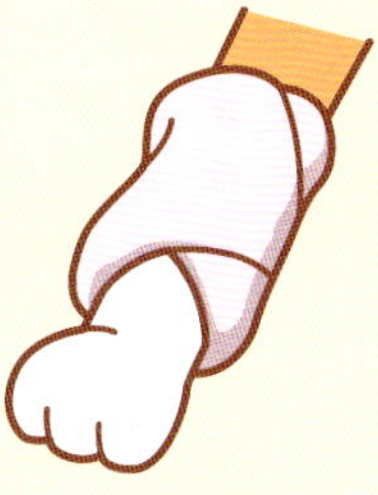

交通事故

骨折、打撲、裂傷、大量出血、ショックなど、さまざまな事態が考えられる。出血していれば止血を行うが、外傷がそれほどひどくなくても脳内出血や内臓破裂をおこしている場合があるので、むりに動かさず至急病院に運ぶ。息をしていないなどの緊急時には人工呼吸を行い、呼吸回復につとめる

COLUMN

動物病院の選び方、かかり方

毎年のワクチン接種やフィラリア症予防、健康相談など、犬を飼ったその日から動物病院とのお付き合いがはじまります。獣医師は、いざというときに愛犬の命を救ってくれる頼もしい味方です。あなたの愛犬にぴったりの獣医師を見つけましょう。

●よい獣医師を見つけるには

獣医師を選ぶときのポイントは、自宅から近いこと。近所なら気軽に相談に出掛けたり、救急のときもすぐに駆けつけられ、場合によっては往診にも応じてもらえます。まずは近所の獣医師をあたってみましょう。探すコツは、散歩中に出会うほかの飼い主さんとの情報交換。獣医師の評判は口コミで伝わるのです。病気になってからあわてて探すより、まずは健康診断や狂犬病予防接種などで訪れてみるのがよいでしょう。

一方、診断や治療がむずかしい病気では、複数の病院をあたってみることもおすすめします。動物病院によっては、特定の分野に強い獣医師がいたり、特殊な検査ができる設備が整っていたりします。また、獣医師によって考え方や治療法も変わります。なお、高度医療が必要なときは大学病院などを紹介されることもあります。

選ぶポイント

★ほかの飼い主さんと情報交換。評判のいい獣医師を教えてもらう
★近所の動物病院をチェック
★犬と飼い主の気持ちになってくれるか
★飼い主の話をよく聞いてくれる、気軽に相談にのってくれるか
★熱心な対応、犬に愛情を持って接してくれるか
★病院内が清潔か
★症状や治療内容を詳しく教えてくれるか
★治療費の明細がわかるか

●かかり方とマナー

ぐあいが悪くなってから初めて連れて行くのではなく、予防接種や健康診断などを通して、愛犬の様子を知っておいてもらうことが大切。おとなしく診察を受けられるように、最低限「スワレ」や「マテ」などはマスターさせ、体のどこに触れられても平気な犬にしつけましょう。診察室では、飼い主はできるだけ詳しく犬の症状や経過を伝えます。尿や便、吐いたものは持参。歩き方の異常やせきなどはビデオに撮って持っていくなどすると、診察に役立ちます。

なお、病院の診療時間を守るのはマナーですが、夜中に症状が急に悪化した場合などは迷わず病院に電話を。ただし獣医師が不在だったり、休診日ということもあるので、24時間対応の病院などの電話番号を控えておくとよいでしょう。

病院が好きな犬にしよう

犬は、はじめに病院に対する悪い印象をもつと、次からはがんこなまでに拒否してしまうので、病院をこわがらせないための工夫が大切。おやつを与えたり、飼い主がリラックスしてにこやかに獣医師と話している姿を見せると、病院に行くのを楽しみにするようになります。散歩コースの途中にある動物病院なら理想的

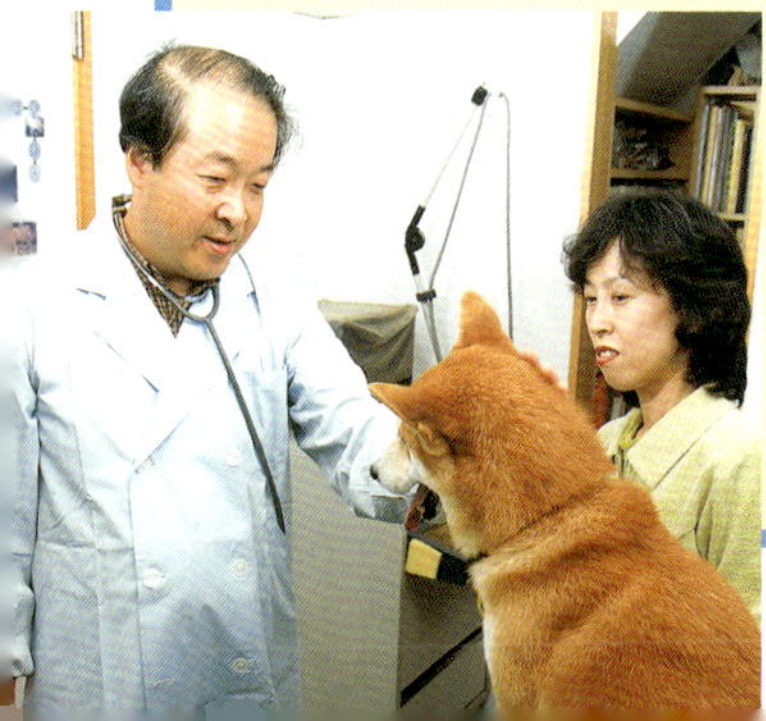

第7章

妊娠・出産、避妊

繁殖の決断から相手選び

繁殖の責任や時間・費用の負担も考える

パートナーを探す前に、繁殖に伴う責任やリスクについて真剣に考えましょう。

まず、親となる犬は健康で遺伝的疾患がないこと、性格がよいことが条件です。獣医師の診察を受けるほか、ブリーダーに相談して血統を調べてもらいます。万が一、遺伝的な問題が見つかった場合は、繁殖はあきらめてください。

次に、子犬の引き取り先はどうするか、健康状態がよくない子が生まれた場合に自分で育てられるかなどを検討します。

あとは、子犬の世話をする時間的余裕が必要です。さらに、交配費用、出産前の検査費用、子犬が引き取られるまでの食費やワクチン接種代などの経済的な余裕も必要でしょう。もし、難産なら帝王切開の医療費などがかかります。

こうした時間的・経済的負担を考慮してから、繁殖するかどうか決めましょう。

発情のサイン

メスが外陰部から出血（生理）するようになったら、「発情」のサイン。これから排卵がおこり、交配により妊娠可能となります。

初めての発情（ヒート）は、生後6か月ごろから遅くても1年ぐらい。その後、およそ6か月周期で年2回の発情を繰り返します。交配させるのは犬が心身ともに成長する2回目以降の発情まで待ち、それから5歳ぐらいまでが母体に無理のない出産適齢期です。

出血は発情期に入る7～10日前からはじまり、この時期は交尾を受け入れません。出血の量は犬によって異なり、なかには無出血の犬もいます。出血が止まると、オスを受け入れるようになります。この期間は1～2週間。そのあとは発情後期となりますが、この間に偽妊娠（妊娠していないのに妊娠の徴候がでる）になる犬もいます。

なお、発情の徴候には出血のほか、頻尿や外陰部のはれ、外陰部をしきりになめる、毛づやがよくなる、落ち着きがなくなる、飼い主に甘えるなどがあります。また、オスに興味を示したり、尾のつけ根に指を触れただけで尾を上げ、オスを迎えるような動作をするようになります。

一方、オスには特定の発情期はありません。生後6～8か月をすぎたオスには、生殖能力があると考えてください。

妊娠に適した時期

メスを飼ったら、発情周期のメカニズムをよく理解しましょう。交配適期は一般に、発情出血のはじめから数えて12、13日目といわれています。最初の出血に気付かなかったときは、外陰部からの分泌物を獣医師に検査してもらって交配適期を推定する方法もあります。

パートナー探しと交配

パートナー探しと交配の申し込みは、普通メスのほうから行います。まずは、繁殖のプロであるブリーダーに相談するのがベスト。自分が犬を買ったブリーダーのほか、犬種団体などを通じて紹介してもらったり、専門雑誌やドッグショーで探すこともできます。

パートナーの基準になるのは、遺伝的疾患の有無や被毛の色、容姿、性格など。心身ともに、お互いの欠点をカバーするような相手を選びましょう。

相手が決まったら、発情出血がはじまったと同時に、交配の予約をします。交配料は、オスの素質や血統によって、数万円から数十万円と幅があります。交配料の代わりに、生まれた子犬の1頭以上をオスの所有者に渡す「子分け」という方法もあります。なお、妊娠しなかった場合のことも、事前に決めておきます。

交配の前日までにノミ・ダニ・体内寄生虫の駆除を行い、シャンプーやつめ切りをすませます。当日は絶食させ、排便・排尿もすませておきます。交配は、通常、オスの家にメスを連れて行き、オスの飼い主の指示に従って行います。犬同士がリラックスしてから交配をさせますが、メスが拒否した場合は保定して行います。

交配自体に要する時間は15~30分程度。終わったらメスをしばらく休ませてあげます。

交配が成功したら、オス側から交配証明書をもらいましょう。子犬の血統書作成の際、必要になります。

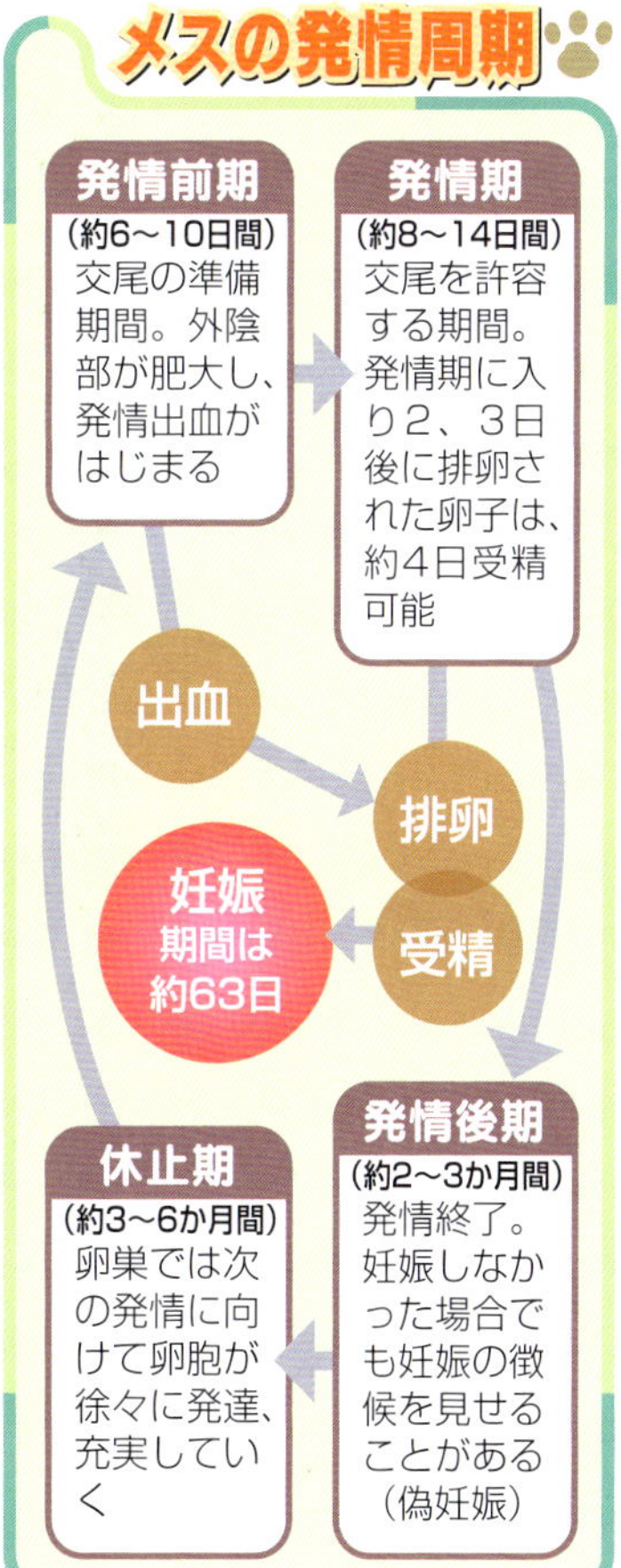

メスの発情周期
発情前期
(約6~10日間)
交尾の準備期間。外陰部が肥大し、発情出血がはじまる
発情期
(約8~14日間)
交尾を許容する期間。発情期に入り2、3日後に排卵された卵子は、約4日受精可能
出血
排卵
受精
妊娠 期間は約63日
発情後期
(約2~3か月間)
発情終了。妊娠しなかった場合でも妊娠の徴候を見せることがある(偽妊娠)
休止期
(約3~6か月間)
卵巣では次の発情に向けて卵胞が徐々に発達、充実していく

妊娠・出産

妊娠の徴候

交配後18～21日ごろ、受精卵が子宮に着床し、妊娠が成立します。犬の場合、妊娠の徴候があらわれるのは約1か月以上たってから。おなかがふくらみはじめ、同時に❶食事の量や好みが変わる、❷乳房全体がふくらみ乳房のまわりの毛が抜ける、❸じっとしていることが多い、❹落ち着きがないなどの症状が見られたら、妊娠のサインと判断していいでしょう。ただし、犬には偽妊娠も多いので、動物病院で超音波検査を受けましょう。検査は交配後、約4週間から受けられます。

犬の妊娠期間は平均63日（9週間）で、この期間を3週間ごとに前期・中期・後期とわけます。

Mini column　偽妊娠

交配しない犬でも、発情が終了した1～2か月後に偽妊娠がおこることがあります。これは、排卵後の黄体が妊娠黄体と同程度のホルモンを分泌することが原因で、乳腺のはれや乳汁の分泌など、妊娠と同じような徴候があらわれます。外見で本当の妊娠か、偽妊娠かを見分けることは困難なので、超音波やレントゲン検診を行って判定します。偽妊娠の症状は、発情休止期が終わると自然に消えますが、乳腺や陰部が熱を持ったり、異常行動がみられるときは、すぐに動物病院へ行ってください。

妊娠中の環境づくりと食事、健康管理

妊娠したら、室内飼いの場合、柵などを設けて階段の上り下りをさせないこと。屋外飼いの場合は、人の出入りの少ない静かな環境に犬舎を移動します。出産直前の8週目ごろまで散歩はしますが、激しい運動は避けます。

妊娠初期は通常の食事にし、徐々にビタミン、カルシウム、タンパク質を強化。6週目ごろから高カロリーの妊娠犬用フードに切り替え、7週目に入ったら普段より30％増の量を与えます。

妊娠中はブラッシングや体を拭いて清潔を保ちます。シャンプーは安定期の5、6週目ごろに行うとよいでしょう。

出産の準備

妊娠後期に入り、犬が穴を掘るような動作（巣作り行動）をはじめたら、出産は間近。さっそく、産箱や出産に必要な道具（P130参照）を用意します。

また、予定日の数日前に病院でレントゲン検査などの検診を受けます。胎児の数や大きさ、異常の有無などを確認しておけば、万一、早産や難産になった場合に獣医師も迅速に対応できます。

■妊娠中の母犬の変化と管理

	妊娠の経過と母体の変化		食事・運動・健康管理など
妊娠前期（1〜3週）	受精 → 受精卵が子宮に着床	★交配後３週目前後に食欲不振、嘔吐などの軽いつわり症状が出る犬も。たいてい2、３日でおさまるが、長引くときは動物病院へ	★受精卵が子宮に着床する前の不安定な時期は流産の可能性もある。散歩は続けるが、無理な運動やシャンプーは控える ★食事はタンパク質を多めに。量は今までどおりでよい
妊娠中期（4〜6週）	胎児が発育しはじめる	★交配１か月を過ぎると、徐々におなかがふくらみ、乳房も張ってくる。体重や尿の回数が増えたり、便秘気味になることも。動作が鈍くなったり、性格に変化が見られることもある	★6週目ごろから、高カロリーの妊娠用フードに切り換える。母犬と子犬の健康維持のため、カルシウムやビタミンを多めに与える ★適度な運動を続ける。シャンプーはもっとも安定している5、6週目ごろに行う
妊娠後期（7〜9週）	出産	★おなかが大きくなり、触ると胎動が感じられる。乳腺が張って乳が出ることも ★落ち着きがなくなり、穴を掘るような動作をはじめる犬もいる ★出産日の2、３日前に、体温が平熱の38〜38.5度から37度以下まで下がるが、出産数時間前に平熱にもどる	★食事は30％増量し、栄養価の高い妊娠犬用フードを与える ★難産の予防のため、適度な運動を続ける。高所からの飛びおりや、階段の上り下りは厳禁。腹部を圧迫しないように気をつける ★産箱を用意する

産箱の作り方

◆出産予定日の10日〜2週間ほど前になったら産箱を用意。そこで寝起きさせて慣れさせる。産箱は育児室にもなるので、子犬が出られない高さや、母乳がゆったり飲めるスペースが必要

◆産箱はダンボールやサークルを利用する。サークルの場合、子犬が柵にはさまらないよう、下から20cmの高さまで段ボールなどを貼り付ける

◆母犬が子犬をつぶさないよう、内側に直径4cmくらいのポールを取り付ける

◆中には毛布やシーツ、バスタオルを敷く。出産後には新聞紙を幅3cmぐらいの短冊型に切って入れる。汚れたら新聞紙を取りかえる

◆家族の通り道など騒がしいところや温度変化の激しいところは避け、落ち着ける場所に設置

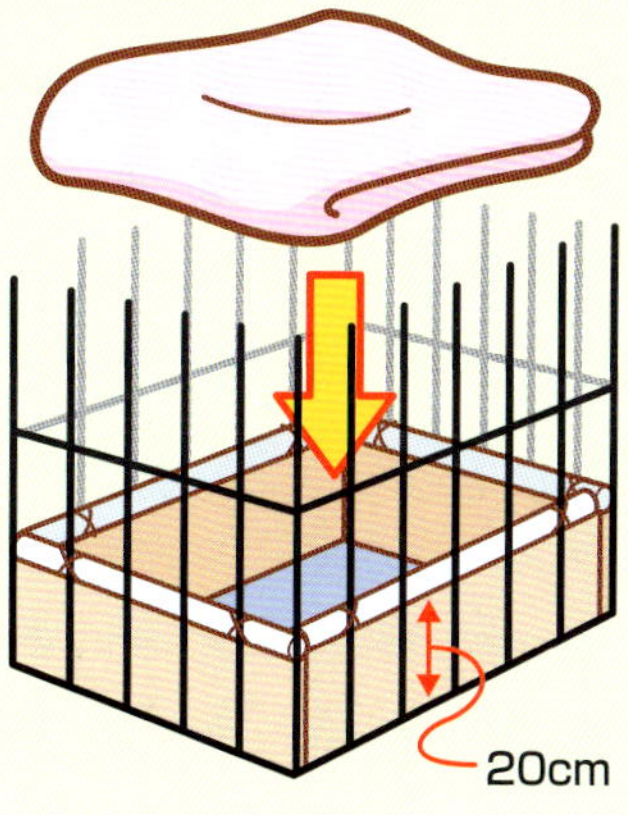

陣痛と出産

出産当日の犬はほとんどの場合、エサを食べず、便は軟らかめになります。また、敷物を引っかく巣づくりのような行動を見せます。産まれそうというときに、かかりつけの獣医師に連絡を入れておくとよいでしょう。体温が37度ぐらいまで下がったら、24時間以内に出産がはじまると思ってください。

陣痛はしだいに強くなり、間隔が短くなります。呼吸がだんだん荒くなり、呼吸を止めて尾を上げ、後ろ足をふんばって力むような動作を見せたら、出産のはじまり。第1子を産み落としたあと、15～60分ぐらいの間隔で第2子、第3子が誕生します。もしも、新生児が途中で引っかかって出てこないときは、ガーゼを巻いた手で、そっとくるむようにつかみ、まわす感じで引っぱり出します。出産にかかる時間は、個体差や子犬の数によって異なります。子犬の数は3匹前後です。

なお、冬期は産室の室温を20℃に保つように、産箱にペットヒーターなどを入れて保温してください。

出産に必要な道具

◆はかり
（台所用でＯＫ）
◆タオル
◆ハサミ
（へその緒、糸を切る）
◆消毒用エタノール
（体温計、ハサミ、糸などの消毒用）
◆糸
（へその緒を縛る）
◆洗面器
◆ガーゼ
◆ゴミ袋
◆新聞紙
（汚れたら取りかえられるよう多めに）
◆筆記用具
（誕生時間、性別、体重などの記入用）

異常分娩はすぐに病院へ

柴犬のお産は比較的軽く、通常は最初の陣痛から長くても2時間以内に第1子が産まれます。しかし、2時間たっても第1子が生まれない、強い陣痛がおこらない、母犬がぐったりしてけいれんするなどの異常がおこったときは、緊急の処置が必要です。第1子が生まれて3時間以上たつのに第2子が生まれない場合も同様。すぐに獣医師に連絡をして指示に従ってください。

また、出産の徴候があるのに65日を過ぎても出産がはじまらない場合は、病院で診てもらう必要があります。母犬や子

柴犬の赤ちゃん

犬の状態によっては、帝王切開が必要になることもあります。

子犬が産まれたら

母犬は産み落とした子犬の羊膜を舌で破り、へその緒をかみ切って、羊膜や胎盤を食べてしまいます。そのあと、子犬の体をなめて呼吸をうながし、母乳を与えます。こうした処置を母犬が自分でしない場合は、飼い主が介助してあげなければなりません。

子犬が呼吸をしていないときは、両手でしっかり包み、大きく弧を描くように数回振ると、羊水を吐き出して呼吸をはじめます。仮死状態で生まれたときは、すぐに乾いた温かいタオルで全身が乾くまでこすり、呼吸をうながします。すべての子犬が生まれたら、母犬の乳房に吸いつかせ、出生時の記録をとりましょう。

産後の処置と健康管理

母犬が出産を終えたら、温かいタオルで、やさしくお尻のまわりや被毛の汚れを拭いてあげます。産箱の中の汚れた新聞紙やシーツを取りかえたら、あとは静かに休ませましょう。

家族がかわるがわる産箱をのぞき込んだり、むやみに子犬を抱き上げたりすることは避けましょう。子犬への初めての授乳が終わり、落ち着いたら、水を飲ませたり、トイレに連れて行きます。

母乳が出ている間は、水分をたっぷり与え、食事も栄養価が高く消化のよいものを与えます。また、出産に伴い、乳腺炎や子宮炎などをおこすこともあるので、母犬の体の様子には十分に注意しましょう。産後の散歩は軽く行い、14日目ごろから徐々に通常の散歩にもどします。

出産時の介助方法

1 新生児を包む半透明の羊膜を指で破り、子犬を取り出す

2 へその緒を糸で縛り（子犬のおなかから2cmぐらいのところ）、その先をハサミで切り落とす

3 子犬が呼吸をしていることを確認し、約38度のお湯を入れた洗面器に子犬を入れ、汚れを落とす

＊冬期はタオルで拭くだけでよい（お湯に入れると、そのあと、体温が下がってしまうので）

4 体が冷えないようにタオルで水分を拭き取り、全身をよくマッサージしたあと、母犬の乳を吸わせる

新生児犬の育て方

授乳と排泄の様子をチェックする

産まれた子犬は、本能的に母犬の乳房に吸いついて乳を飲みはじめます。出産後すぐに出る初乳と以後2、3日間の母乳の中には、さまざまな病気に対する免疫抗体がたくさん含まれているので、子犬にとっては非常に大切なものです。

飼い主は、産まれた子犬全部が母乳をまんべんなく飲んでいるか、しっかりチェックしてください。なかには、要領が悪かったり、虚弱なため、なかなか乳房に吸いつけない子犬もいます。また、全体的に母犬の母乳量が足りない場合もあります。母乳が足りない子犬は体重が増えず、おなかをすかして絶えずクンクン鳴くのですぐわかります。そのときは、子犬用の粉ミルクで人工哺乳を行います。

また、生後20日ぐらいまでは、母犬が子犬のお尻や泌尿器をなめて排泄をうながしますが、母犬が面倒をみないときは飼い主が代わりに世話をします。方法は哺乳のあとにガーゼやティッシュで軽くお尻と陰部をたたくだけ。この刺激によって排泄が行われたら、お尻や陰部のまわりをきれいに拭いてあげましょう。

母犬がよく世話をしている場合は、飼い主は子犬や母犬の見守り役。両方の健康状態をチェックし、子犬の体重を毎日はかって、成長の記録をつけましょう。

母乳をよく飲んでいるかチェックする

人工哺乳の仕方

用意するもの

★子犬用粉ミルク
★お湯
★犬用の哺乳びん
★はかり

1 人肌に温めたミルクを、生後5日までは1日8回、10日までは6回、以後は4回を目安に与える。一度にたくさん与えると下痢をする

2 子犬をひざに抱き、片手であごと首を押さえて固定する。もう一方の手に哺乳びんを持ち、乳首を犬の舌にのせゆっくり飲ませる

育児室の衛生と保温に気を配る

出産後の母犬は、しばらくおりものが続き、育児室が汚れやすくなります。出産後は母子ともに細菌感染しやすいので、シーツを取りかえるなどこまめな掃除が必要です。

また、育児室は常に20～25度の室温をキープ。冬期はペットヒーターなどを置いて、温度が下がらないように気をつけましょう。

子犬の引き渡しは生後2か月たってから

生後1か月から2か月ぐらいの子犬は、母犬や兄弟と一緒にいることで多くのことを学びます。また、人と接することで人間好きな飼いやすい犬にすることもできます。新しい飼い主に譲るのは、生後2か月を過ぎてから。離乳が完了するころから、少しずつ母犬と離れて過ごす時間をつくり、自然に親離れができる状況にもっていきましょう。

■誕生後の成長と離乳の目安

1日目……誕生

1週目……へその緒がとれる

2週目
（10日）…体重が出産時の約2倍になる
（13日）…目が開く

3週目……乳歯が生えはじめる
排尿・排便ができるようになる

（17日）…目が見えるようになる
耳が聞こえるようになる
動物病院で検便してもらう

（18日）…【離乳ステップ1.液体】
皿に犬用ミルクを入れ、なめることを覚えさせる

4週目……【離乳ステップ2.おかゆ状】
50％を離乳食に切替える。
離乳食を与えた後に母乳を与えるとよい

5週目……【離乳ステップ3.やわらかいフード】
ほぼ離乳食に

6週目……乳歯が生え揃う
離乳完了

生後20日の子犬たち

離乳食の与え方のポイント

- 離乳は2、3週間かけて徐々に行う
- 液体➡おかゆ状➡やわらかいフードの順に切り替えていく
- 最初は指で練って口の中に入れてあげる。1回の量は少なく、回数は多くが基本
- 便の状態を見ながら量をかげんする

＊離乳食は栄養のバランスがとれた市販の缶詰を利用すると便利。ドライフードを温かい犬用ミルクやお湯でやわらかくふやかしてもよい

避妊・去勢の方法

望まない妊娠を防ぐために

子犬が産まれるのはうれしい反面、引き取り手を探す苦労もあります。また、繁殖に適さない犬がいることも事実です。繁殖を望まないのであれば、避妊・去勢手術を受けることを考えてみるのもいいでしょう。避妊・去勢手術には妊娠を防ぐ以外にも、メリットがあります。

たとえば、メスの場合は、子宮蓄膿症や乳腺腫瘍の予防になるほか、生理や発情の際のわずらわしさがなくなります。オスは、前立腺や生殖器の病気の予防、性的欲求からくるストレスの防止、攻撃性が抑えられるなどの効果があります。むだ吠えやマーキングが減り、落ちついた犬になることもあります。また、これらの手術をした犬は、しない犬よりも一般的に長生きする傾向にあるということも、メリットのひとつです。

一方、避妊・去勢手術をした犬は、太

避妊・去勢手術のメリットとデメリット

メリット

【オス】
- ★前立腺の病気、精巣や肛門周辺の腫瘍などの予防になる
- ★性的欲求によるストレスから解放される
- ★攻撃的な面が抑えられ、温和になる
- ★むだ吠えが緩和され、落ちつく

【メス】
- ★望まない妊娠が避けられる
- ★子宮の病気や乳がんの予防にも効果がある
- ★生理や発情時のわずらわしさとともに、発情のストレスもなくなる

- ★オス・メスとも精神的に幼さが残り、人によく慣れ、甘える傾向がある
- ★オス・メスとも長生きする確率が高くなる

デメリット

【オス・メス】
- ★手術を受けた後で、繁殖をさせたくなっても不可能
- ★肥満になりがち。適度な運動とバランスのよい食事で予防しよう
- ★ホルモン欠乏症による皮膚病がおこる場合がある（ただし発症率は低く、有効な治療法がある）

りやすくなることもあります。そのほか、ホルモンバランスがくずれるなどのデメリットもあり、獣医師によっては手術をすすめないこともあります。いずれにしても、決断するのは飼い主です。納得できるまで獣医師とよく相談しましょう。

手術の方法と可能な時期

メスの避妊手術は、開腹して卵巣、または卵巣と子宮を摘出、オスの去勢手術は睾丸を摘出します。いずれも全身麻酔をかけるので、痛みはありません。

入院期間はメスは1〜2日が目安、オスはその日のうちに退院できます。費用はメスは3〜4万円、オスは2〜3万円が目安です。病院によって入院期間や費用には差がありますから、あらかじめ調べておきましょう。

手術から抜糸までの期間は、傷口を気にするので、エリザベスカラーやサポーターで保護。多少、不便を強いられるかもしれません。

これらの手術を受けるためには、事前の申し込みが必要です。希望日の1週間以上前に動物病院に連絡をして、獣医師の指示に従ってください。

病気予防や、手術による犬のストレスなどの点から考えると、理想的な避妊手術の時期は、初めての発情の前の生後6〜7か月ごろ。もちろん、発情してからでも手術は受けられますが、出血が多い発情中は避けたほうがよいでしょう。

年をとってくると手術そのものが負担になる場合もあるので、決断をしたら早めに行ったほうがよいでしょう。もちろん、交配を経験したあとに手術するというケースもあります。

避妊・去勢手術を受ける手順

1　1週間以上前
手術を希望する日の1週間以上前に、獣医師に連絡をし、手術の申し込みをする。必要に応じて健康チェック、ワクチン接種を受ける

2　前日
手術前日の夕方に食事と水を与え、以後は絶食。水は飲ませてもよい

3　当日
できるだけ、排便・排尿をすませてから病院へ
[避妊手術]
開腹手術のため、1〜2日間の入院が必要
＊入院期間は病院によって異なる

[去勢手術]
午前中に連れて行けば夕方には帰れる

4　10〜14日後
抜糸のため動物病院へ連れて行く。抜糸後1週間はシャンプー不可

COLUMN

発情期の過ごし方

メスの発情期は平均して年に2回です。外出してもかまいませんが、飼い主はオスのストレスに配慮してあげてください。犬が集まる公園に行ったり、イベントへの参加、宿泊などはトラブルのもとです。

●生理用品などを活用

犬は春と秋に発情期を迎えることが多いのですが、季節による気温の変化が少ない室内で飼われている犬の場合には当てはまりません。１年に１回のみ、あるいは逆に１年に３回発情するというケースもあります。

発情期を迎えると出血が１、２週間ほど続きます。出血の量には個体差がありますが（まれに無出血の犬もいます）、生理用のパンツをはかせたり、マメに掃除をする必要があります。生理用のパンツはペットショップで市販されています。

●オスのストレスに対する配慮

発情期のメスが散歩をしていると、オスが飼い主の制止を振り切って飛びついてきたりして、思わぬ事故につながることも。メスをめぐってオス同士がけんかをすることもあります。こうしたトラブルを防ぐため、散歩コースを変えたり、犬が多い時間帯を避けるという気配りは必要です。もちろん、ノーリードにはぜったいにしてはいけません。

自由に庭に出られるようにして飼っている場合、近隣の犬が脱走してきて望まぬ妊娠につながることもあります。性的に興奮したオスのむだ吠えを誘発することもあるので、発情期には室内から出さないのがベターです。

ペット同伴可の宿でも、発情中の宿泊はできないところが多いので、旅行の計画を立てるときには配慮を。ドッグショー、スポーツ大会など犬が集まるイベントも発情中の犬は出場できません。見学も控えましょう。

第8章

お役立ち情報

柴犬の名付けヒント集

柴犬の場合、やっぱり和風が大人気。
ポチやクロなど、日本犬ならではの伝統的な名前も健在！

和風

日本人風

♂オス

太郎
二郎
サブ
五郎
リキ
コテツ
タケル
ヤマト
佐助
才蔵
半蔵
武蔵
ハヤテ
隼人
弁慶
秀吉
蘭丸
影丸
麻呂
五右衛門
ケン
ゲン
ケンタ
ゲンタ
チャ助
コロスケ
コースケ
コータロー
ちー太郎
小太郎
小次郎
金太
金太郎
銀二
銀次郎
ポン太
幹太（かんた）
春太（しゅんた）
耕太（こうた）
くろべえ
はちべえ
龍之介
世之介
新之介
サン左衛門
しし丸
リキ丸
てん丸
与一
歌麿
竜馬（りょうま、りゅうま）
倫太郎
晋作（しんさく）
諭吉
慎太郎
ダイ吉
寛平
拓磨（たくま）
イチ
チュー太
リョータ
一鉄
テツ
玉三郎
雄大
雄斗（ゆうと）
海斗（かいと）
将太
雷太
涯（がい）
幹（かん）
輝（てる）
壇、団、弾（だん）
純

♀メス

愛
愛子
卑弥呼
静
やわら
ふじ子
杏樹
美代
未来（みく）
真帆（まほ）
乙女
あかり
明日香
菜々
姫
小町
ねね
ひなの
みや
みやび
ゆりっぺ
くりっぺ
千代
香代
まい
あや
ふく
さつき
もも子
ゆかり
さゆり
のどか
まや
ヒカル
美咲
可奈
里奈
沙也加（さやか）
綾野（あやの）
彩花（あやか）
萌（もえ）
夢
さき
美沙
マコ
はるか
志乃
吉野
りょう
美緒
ミキ
絵美
マキ
チカ
真知子
千砂（ちさ）
千秋
千春
千恵
ミカ
なつ
伊代
ユウ
花子
ルル子
ちび子
まゆ
まゆこ
さち
ちこ
奈津美、夏海（なつみ）
奈緒（なお）
栞（しおり）

自然、ものの名前

♂オス

竜（りゅう、たつ）
飛竜（ひりゅう）
天龍
竜太
翼
太陽
宙、空（そら）
大地
天地（てんち）
北斗
陸
天
海
嵐（あらし、らん）
凪（なぎ）
大河
クマ
祭（まつり）
岳、学（がく）
鷹（たか）
隼（はやぶさ）
兜（かぶと）
かぶき
侍（さむらい）
雷（らい）
森（しん）
剣（つるぎ、けん）
マツ
流星（りゅうせい）
アサヒ
走馬（そうま）
晴（はる）
荒野
獏（ばく）
虎
虎丸
昴（すばる）

♀メス

もも
あんず
小梅
いちご
みかん
ひばり
つばめ
つぐみ
月
すず
もみじ
ゆず
きなこ
らん
あやめ
かんな
みなみ
ひな
はな
ふう（風）
しずく
ふぶき
はる
小夏
あき
ゆき
小雪
あられ
すみれ
まりも
くるみ
つくし
ほたる
さくら
ごま
琴
わさび
もなか

植松 **武蔵** オス 10か月

剣豪の宮本武蔵からとった名前。主人がチャンバラ好きなもので、飼う前から「ぜったいにこの名前」と決めていました

原 **ひかり** メス 2歳

ちょっと気分が落ち込んでいたときに飼いはじめたので、光が射し込むようなイメージの名前をということで決定。そうしたら、本当に性格の明るい子に育ち、気持ちも明るくなりました

関戸
ラブ
メス 7歳

愛がいっぱいある名前がいいということで最初は「愛」という名前も候補にあがりましたが、家族みんなで考えてこの名前に決めました

東川
奈々
メス 3歳

子どものころに仲良しだった犬の愛称からとりました。名前を決めてから登録したので、血統書の名前も同じにしてもらっています

洋風 外国風

♂オス

ジョン
マーク
ジョー
ジョニー
ケント
レオン
ベン
ハンス
ジム
ジミー
ペレ
ボブ
サム
エディー
ジャック
トム
トニー
リック
リッキー
テリー
マックス
マック
ルーク
メル
カール
ゴー
ロック
ラッキー
ルーキー
ハッピー
チャンス
チャンプ
クール
ガッツ
ガイ（男、やつ）
ジャズ
ジェイ（J）
アッシュ（灰）
レオ（ラテン語でライオン）
バディ（ダイビングの相棒）
ムッシュ
ペッパー
ボーン
ナッツ（ピーナッツ）
ルイ（イタリア語で彼）
ボン（フランス語でよし！）
ペロ（スペイン語で犬）
ヴァン（フランス語で風）

♀メス

イヴ
ケリー
マリー
メリー
サラ
サーラ
サニー
メグ
クリス
エリー
カレン
アリサ
アレサ
マリリン
ケイト
マリアン
スージー
ジェシー
キャリー
デイジー
ティナ
ハンナ
コニー
ベベ
ベル
メリー
セーラ
ノエル
クッキー
ミルク
レディ
メロディ
ラブ
アミ（フランス語で友達）
モナミ（フランス語で私の友達）
ルナ（スペイン語で月）
シェリー（フランス語で恋人、かわいい人）
プチ（フランス語で小さい、子ども）
マロン
プリン
モカ
パール
ジョイ
ハニー
レイ（花輪、フランス語で彼女）
レイナ（スペイン語で女王）
リリー
リル（フランス語で笑う）

その他

音の響きがいい、かわいい

♂オス

ポチ
ハチ
ピポ
ポポ
ポロ
プッケ
ポー
ロン
シュウ
レン
ジン
ジャジャ
ダグ
チョビ
ビッケ
グリコ
プッチ
グー

♀メス

ビビ
ココ
ピッピ
ノン
ララ
ルル
ミミ
リン
アル
エル
チロ
モコ
ペコ
チャチャ
チャッピー
シータ
チョキ
マオ

見た目の印象

♂オス

コロ
クロ
ブラック
まる（まるい）
デン
ムッチ（むっちり）
ペロ（ぺろぺろ）
たくま（たくましい）
パンチャ（イタリア語で太鼓腹）
マル
ムク

♀メス

ピョコ（ピョコンと）
小麦（小麦色）
マメ（小さい）
オット（おっとり）
ムック（むっくり）
ポチャ（ぽっちゃり）
チョコ（ちょこちょこ、茶色）
キョロ（キョロキョロ）
チャコ（茶色の）
トコ（トコトコ）
クリ（クリーム色）

ユニーク

♂オス

オーイ
セーフ
ダンナ
ワカ
トノ
オウジ（王子）
ギャグ
ゴロ太
ゴン
ゴン太
モップ
サンタ
ハム
キリン

♀メス

チャオ
うらら
ふら
あずき
タタミ
ぽんず
セイカ（聖火）
まっちゃ
きんぎょ
あんこ
タマゴ
ワラビ
ムギ
ウサギ

好きなスター・キャラクターなど

♂オス

チャーリー
マイケル
ミッキー
レオ
セナ
ロビン
ロッキー
アトム
カムイ
ガンバ
飛雄馬
イチロー
ダイスケ
タクヤ
シンゴ

♀メス

ミニー
オリーブ
ラム
サリー
ハイジ
アン
アリス
キャンディー
アニー
モモエ
ノリカ
フジコ
ピノコ
アユ
リンゴ

犬と一緒に旅行に行く

以降の各ページに掲載されている情報等は2006年3月現在のものです。

マイカーで出かける

犬との旅行は車がいちばん気楽。まずは、子犬のころから車に慣らしておくこと。慣らすためには、初めは車を動かさないで車内で遊び、徐々に走る距離を伸ばしていく。車酔い予防のため、乗車前には食事をさせないこと。それでも酔う場合は酔い止めを飲ませるという方法も。犬は運搬用犬舎に入れるのがもっとも安心。いずれにしても、運転席には行かせないように気をつけよう。1～2時間おきに休憩し、水を飲ませたり、排泄、軽い運動を行う。車内の換気に気をつけ、急発進、急ブレーキ、急ハンドルをしないよう配慮しよう

電車・バスに乗る

近距離で、キャリーケースなどに入れれば可能。電車の場合は、たいてい手回り品切符を購入する。バスは無料の場合が多いが、乗車前に運転手にひと言声をかけるのがマナー

飛行機に乗る

国内線の飛行機に犬を乗せるには、ケージや運搬用犬舎に入れればＯＫ。ケージは、空港で借りる（有料）か、運搬用の基準を満たしたものを自分で用意する。このほかに、区間料金とペット料金（当日に測定する犬の体重によって決定）がかかる。国際線も条件はさまざまだが、乗せることはできる。各航空会社に問い合わせてみよう

犬を連れた旅行の必需品

◆ケージまたは運搬用犬舎
移動の際の必需品。普段からハウスとして使っているものなら、宿泊先の部屋で寝るときや留守番時にも使えて便利

◆生活用品
首輪、リード、食器、水筒、ドッグフード、ブラシ、トイレシーツなど

◆タオル類、新聞紙
バスタオルは利用価値大。犬のにおいのついた、お気に入りのタオルも

◆ビニール袋
大小あると便利。汚物入れやトイレの下敷きにもなる

◆ウェットティッシュ、ティッシュペーパー、トイレットペーパー
トイレットペーパーはトイレに流せるので便利

◆消臭剤
粗相をしたときに便利

◆ガムテープ
ホテル、車などで抜け毛を取り除くときに便利

◆常備薬
酔い止め、下痢止め、栄養剤、消毒液など

◆迷子札
旅行中に迷子になる犬も多い。住所や電話番号を明記し、首輪につけておくと安心

宿泊先でのマナー

予約の際に、用意していくものや、宿の決まり（食堂に犬が入れるかどうかなど）を確認。連れて行く犬は、トイレのしつけはもちろん、むだ吠えをしないことや、「スワレ」「マテ」「コイ」のしつけができていることが条件。出かける前にシャンプーをすませておき、布団やベッドには入れない。浴槽に入れるのも禁止だが、最近では犬用の風呂を備えた宿も増えてきた。使用した部屋は、犬のにおいや毛を残さないよう、消臭剤を使ったり、ガムテープなどで抜け毛を始末して帰ろう

愛犬と泊まれる宿泊施設

★犬のサイズに関係なく同伴が可能で、ケージ不要を条件にしました（予約時にご確認ください）
★原則として、客室と食堂に犬連れで入れる宿（または食事を部屋でとれる宿）を中心にご紹介していますが、一部夕食のみ、あるいは朝食のみ食堂入室不可というケースもあります。部屋で待たせるのが心配な場合はケージの持参を
★宿ごとの条件（室内犬のみ、清掃用品の持参、生理前後は不可など）については予約時にご確認ください
★犬の料金は柴犬の場合です。犬種やサイズによって料金が異なる宿もありますのでご確認ください

ホテル　アスプロス

☎ 0279-86-3729

群馬県吾妻郡嬬恋村大字鎌原1053
１泊２食付12,600円、何頭でも犬無料
犬が入れる場所／厨房以外
上信越自動車道碓氷軽井沢ICから30分

3000坪の敷地の中にテニスコートや馬場、芝生のドッグランあり。館内は基本的にどこでも犬の同伴自由。客室は14畳の洋室＋６畳の和室でバス・トイレ付き

プチホテル　ラハイナ

☎ 0869-34-5539

岡山県邑久郡牛窓町鹿忍西脇ビーチ手前
http://www.lahaina1991.com/
１泊２食付10,500円～、犬無料
犬が入れる場所／浴室以外
岡山ブルーライン邑久ICから15分

行き止まりの場所にあるため、安心してノーリードにできると人気。犬への規制も少ない。海水浴場まで徒歩15分。全室オーシャンビュー

施設名・TEL	❶住所❷料金❸犬が入れる場所❹アクセス❺HPアドレス	備考
ペンション ドッグスター ☎0242-63-2101	❶福島県耶麻郡猪苗代町字不動500-450❷１泊２食付8,400円～、犬1,050円❸浴室以外❹磐越自動車道猪苗代磐梯高原ICから15分	犬用足洗い場、キッチン、冷蔵庫などを完備。スキーに出かけるとき犬を預かってくれるサービスもある。
きぬ川国際ホテル ☎0288-77-0019	❶栃木県塩谷郡藤原町大字滝540❷１泊２食付15,900円～、犬2,625～円❸客室、ロビー、ペット専用風呂❹日光宇都宮道路今市ICから20分	お風呂も食事もいつも一緒。ペットの食事が２食付くほか、シャワー完備のペット専用露天風呂や、ペットと一緒に入れる家族風呂がある
リング・ウッド フィールド ☎0470-66-2011	❶千葉県夷隅郡大原町山田3976-10❷１泊２食付10,500円～、犬無料（大人１名につき犬１頭まで）❸厨房と浴室以外❹京葉道路蘇我ICから50分❺http://www.ringwoodfield.com	1999年のオープン。宿泊犬専用の600坪の西洋芝ドッグラン併設。天然酵母パン、地鶏や外房の海の幸を使った洋風懐石料理が好評
ペットホテル ペンションけんけん ☎0267-42-8511	❶長野県北佐久郡軽井沢町大字長倉字成沢10-42❷１泊２食付9,450円～、犬1,050円～❸客室、食堂、ロビー、犬舎❹上信越自動車道碓氷軽井沢ICから15分❺http://www.papipopo.com/y/kenken/	ペット主役のペンションで、犬用の浴槽やトリートメント施設、ペットホテル完備。
プチホテル サンロード ☎0557-51-9111	❶静岡県伊東市大室高原2-201❷１泊２食付9,975円～、犬1,500円❸館内すべて❹東名高速道路厚木ICから小田原厚木道路経由で約２時間❺http://www.mmjp.or.jp/echobridal/sunroad.htm	1,111（ワンワンワンワン）坪の敷地はフェンスで囲まれ、館内すべてがドッグラン。もちろん、プールもペット同伴OK
ペンション シープ ☎0740-22-5505	❶滋賀県高島郡今津町桂718-7❷１泊２食付12,075円～、犬1,050円～❸客室、食堂、ロビー❹名神高速道路京都東ICから１時間10分❺http://www5a.biglobe.ne.jp/~p-sheep/	ケージなしで泊まれるのびのびペンション。140坪のドッグランも完成。犬と過ごせるテラスや、定員３～４名のモービルホームもある

亡くなったとき

かわいい愛犬にもいつかは訪れる死。お世話になった獣医師に知らせるほか、役所（保健所）に廃犬届を出したり、血統書のある犬は登録先の犬種団体にも死亡の連絡が必要です。

ペットの埋葬方法には土葬と火葬があります。庭に埋めるときは、池や井戸などの水のそばを避け、早く土に戻れるよう、遺体には何もかぶせず埋葬します。その際、悪臭やほかの動物に掘り返されることを防ぐために、１m以上の深さの穴を掘ります。火葬の場合は、自治体かペット霊園に依頼します。

近頃問題になっているのがペットロス（ペット喪失）。ペットロスになると心が深い悲しみに閉ざされ、他人とのコミュニケーションや社会的行動をとることができなくなることもあります。「悲しい」という気持ちを押し殺さず、泣くのを我慢しないことが大切。周囲の人に悲しさを語ることによって、悲しみを出しつくし、やがて死を受け入れ、立ち直ることができるでしょう。

■ペット霊園と自治体のサービス

	特　　徴	料金の目安	電話での確認事項
自治体	窓口は清掃局や清掃事務局、衛生局などで、❶遺体の引き取り、および❷遺体の処理を行う。遺体をゴミと一緒に焼却する自治体もあるが、動物だけまとめて焼いたり、動物専用炉で火葬してくれるところもある。遺灰は埋め立て処分にするところが大半。委託している民間の霊園に火葬を委託する自治体や、ペット霊園を所有する自治体もある	★ゴミと一緒に焼却する場合 500～2,000円 ★動物専用炉で焼却する場合 ［ほかの動物と一緒の場合］ 1,000～8,000円 ［単独の場合］ 10,000円～ ＊大きさによって値段が変わる場合もある	❶遺体を焼くのはゴミ焼却炉か動物専用炉か ❷個別に焼いてもらえるのか ❸遺体は引き取りに来てくれるのか、持ち込むのか ❹遺骨や遺灰の処理はどうなっているのか ❺火葬に立ち会えるのか。遺骨の返却は可能か（個別焼却を行っている場合） ❻お参りできる慰霊碑はあるのか
ペット霊園	ペット霊園およびペット葬儀社では、❶遺体の火葬、❷遺骨の預かり、❸個別にお墓に葬る、❹墓地の管理、❺合同供養塔に遺骨を祀る、❻慰霊祭の実施などのすべて、もしくは一部のサービスを提供する。飼い主はその中から希望するサービスを選択できる。火葬の種類には、移動火葬車による出張火葬、霊園での合同火葬、個別一任火葬、個別立ち会い火葬があり、合同火葬以外は遺骨の持ち帰りも可能	小型犬の場合（都市部） ★合同火葬 20,000～40,000円 ★個別一任火葬 30,000～60,000円 ★個別立ち会い火葬 45,000～65,000円 ＊地方は、都市部の半額から３分の２程度の料金のところが多い。読経は5,000～30,000円	❶火葬の種類と料金、含まれているサービスは何か ❷個々のサービスの組み合せや、単独での依頼は可能か ❸遺体は引き取りに来てくれるのか ❹合同葬の場合、永代供養料は料金に含まれているか ❺納骨堂の契約期間と料金 ❻お参りできる合同慰霊碑や共同墓地はあるか ❼墓地の種類と料金。永代供養か期限付きか、墓石の料金はいくらか

全国のおもなペット霊園

名　称	住　所	TEL
アイ・ラブ・ペット北海道動物霊園	北海道札幌市豊平区豊平四条3-1-12	011-812-5945 (0120-128-494)
南部動物愛護霊園	青森県上北郡六戸町米沢81	0176-55-4000
山形ペット火葬	山形県山形市中野馬場宿166-8	023-684-2697
バンビ動物霊園	宮城県仙台市泉区住吉台西1-15-11	022-379-2990
ペット霊園宇都宮	栃木県今市市猪倉1520	0288-26-3800 (0120-141-002)
水戸ペットセレモニー	茨城県水戸市谷津町1199-1	029-253-3371 (0120-221-194)
東松山ペットメモリアルパーク	埼玉県東松山市大字松山1090-1	0493-54-4442
浅草橋動物霊園	東京都台東区浅草橋4-7-9	03-3863-1358 (0120-558-159)
慈恵院附属多摩犬猫霊園	東京都府中市浅間町2-15-1	042-365-7676
ペットやすらぎの郷	千葉県八千代市下高野新道台276-7	047-488-4194
鎌倉動物霊園	神奈川県鎌倉市腰越5-13-17 宝善院霊園内	0467-32-7620
ペット霊園ペット葬祭センター	新潟県新潟市太夫浜諏訪榎2450	025-259-5400
金沢寺町動物霊苑	石川県金沢市寺町5-6-10	076-241-1055
ペット葬社	静岡県静岡市慈悲尾432-7	054-277-1360
名古屋ペットモーティシャン	愛知県名古屋市瑞穂区駒場町2-5	052-851-7052
愛受院ペット葬儀三重	三重県度会郡二見町大字江1659	0596-43-2283
ウエスト・パーク・エデン	京都府京都市左京区静市市原町539	075-741-3800
アニマルメモリアルパーク	兵庫県三木市志染町広野3-79-3	0794-87-0080
わんにゃん倶楽部東光会館	岡山県岡山市国富1-1-11	086-272-2234
めもりーらんど松山	愛媛県松山市下伊台町520-25	089-977-5098
ペット霊園轟の里	熊本県宇土市城塚町大久保1026	0964-22-5744
総合プロデュース未来人ペット葬祭部	宮崎県都城市早水町15-10-2	0986-22-3556
鹿児島動物霊園ヘブンパーク	鹿児島県鹿児島市鴨池1-53-2	099-256-6580

お役立ちテレホンリスト

名　称	TEL・住所	内　容
(社) 日本犬保存会	☎03-3291-6035 東京都千代田区神田駿河台2-11-1	日本犬の血統書を発行。展覧会の開催など
(社) ジャパンケネルクラブ（JKC）	☎03-3251-1651 東京都千代田区神田須田町1-5	純血種の血統書を発行。ドッグショーやアジリティ大会などの開催
(財) 日本動物愛護協会	☎03-3409-1822 東京都港区南青山7-8-1 小田急南青山ビル6F	動物愛護の啓発を目的とした諸行事の開催や出版物の刊行など
(社) 日本動物福祉協会	☎03-5740-8856 東京都品川区西五反田8-1-8	動物への虐待防止、犬猫などの不妊去勢手術の普及活動、ペット購入トラブル相談など
優良家庭犬普及協会	☎045-912-8791 神奈川県横浜市都筑区中川中央1-22-5 グレイスコート302	優良家庭犬認定試験の実施など
(社) 日本愛玩動物協会	☎03-3355-7855 東京都新宿区信濃町8-1	動物愛護週間行事の実施・参加。愛玩動物飼養管理士の養成および普及活動など
(社) 日本動物病院福祉協会	☎03-3235-3251 東京都新宿区新小川町1-15 池田ビル201	家庭で飼われている健康でよくしつけられた犬・猫が福祉施設を訪問するアニマルセラピー活動を推進
アイペット探偵局	☎03-3223-3872 東京都杉並区高円寺北2-4-1	迷い犬や迷い猫などを捜索。全国に出張可能

■犬用商品協力メーカーリスト

記号	メーカー名	問い合わせ先
Ⓣ	東京ペット（株）	☎03-3728-0611
Ⓓ	ドギーマンハヤシ（株）	☎06-6977-6711
Ⓗ	日本ヒルズ・コルゲート（株）	📞0120-211-311 ☎03-5683-1017
Ⓜ	モッピー&ナナ	📞0120-888-975
Ⓝ	ナチュラルクッキーファーム	☎03-3726-3401
Ⓥ	バンガードインターナショナルフーズ	☎043-498-8410
Ⓔ	(株)ハートランド	☎075-594-3773
Ⓟ	PEPPY	📞0120-838-780

●AD＆DTP――グリーンスタジオ（藤川さとし）
●写真――田口有史
●イラスト――宮崎淳一　新島美和
●撮影協力――渡辺節子・毅臣・有美子・じんべい
浅田光男・典子・尚香・衣香・ライラ
斉藤純子・はな　溝口晴美・チョロ
color（金沢恵子）
●編集協力――篠原明子（Snowman）
永井ミカ・高橋伸和（メディアクルー）
石川千津子
（株）オールドッグセンター［全犬種訓練学校］
埼玉県入間郡大井町亀久保2202　TEL.0492-62-2201
天野動物病院
東京都杉並区大宮1-2-3

柴犬の飼い方・しつけ方

●編　者――西東社出版部
●発行者――若松 範彦
●発行所――株式会社西東社
〒113-0034　東京都文京区湯島2-3-13
営業部：TEL（03）5800-3120　FAX（03）5800-3128
編集部：TEL（03）5800-3121　FAX（03）5800-3125
ＵＲＬ：http://www.seitosha.co.jp/

ISBN978-4-7916-1116-4